U0323176

稀土资源绿色开发
——以赣南离子型稀土矿为例

易 璐　刘 茜　李云云　著

北　京

冶金工业出版社

2024

内 容 提 要

本书分 7 章，主要内容包括：稀土资源开发利用现状；稀土产业政策演进与实施效果评估；稀土产品贸易网络特征与出口竞争力；离子型稀土矿开采环境成本测算；离子型稀土资源资产负债表编制；离子型稀土资源富集区资源环境承载力评价；离子型稀土资源开发生态补偿机制。

本书可供从事稀土资源开发的经济管理专业的工程技术人员阅读，也可供相关专业的师生参考。

图书在版编目（CIP）数据

稀土资源绿色开发：以赣南离子型稀土矿为例 ／ 易璐，刘茜，李云云著． -- 北京：冶金工业出版社，2024.8． -- ISBN 978-7-5024-9960-0

Ⅰ．TG146.4

中国国家版本馆 CIP 数据核字第 2024G4H492 号

稀土资源绿色开发——以赣南离子型稀土矿为例

出版发行	冶金工业出版社	电　话	（010）64027926
地　　址	北京市东城区嵩祝院北巷 39 号	邮　编	100009
网　　址	www.mip1953.com	电子信箱	service@ mip1953.com

责任编辑　郭冬艳　美术编辑　吕欣童　版式设计　郑小利
责任校对　郑　娟　责任印制　禹　蕊
北京建宏印刷有限公司印刷
2024 年 8 月第 1 版，2024 年 8 月第 1 次印刷
710mm×1000mm　1/16；10 印张；191 千字；148 页
定价 59.00 元

投稿电话　（010）64027932　投稿信箱　tougao@cnmip.com.cn
营销中心电话　（010）64044283
冶金工业出版社天猫旗舰店　yjgycbs.tmall.com
（本书如有印装质量问题，本社营销中心负责退换）

前　　言

　　我国是世界上稀土资源最丰富的国家，储量和产量位居世界第一位。尤其是离子吸附型稀土是我国宝贵的、稀缺的、重要的、有限而不可再生的战略资源，是高新技术领域的重要支撑材料，我国已将离子型稀土资源列为保护性开采的特殊矿种。离子型稀土资源主要分布在我国江西、福建、广东、湖南、广西、云南、浙江等南方七省较偏僻的山区，自20世纪80年代中期起，我国离子型稀土资源的开采进入快速发展阶段，同时以离子型稀土资源开发为基础，快速发展逐渐形成了我国离子型稀土分离、稀土金属冶炼和稀土发光材料、稀土永磁材料等深加工与应用产品的新兴生产工业体系，目前我国在国际稀土产业界占有了不可替代的重要地位。

　　随着稀土产业的快速发展，离子型稀土矿区出现了大矿小开、开采工序不平衡、资源浪费、矿区环境污染严重、管理难度较大等一系列问题，严重阻碍了区域经济的可持续发展。为了科学合理地利用离子型稀土这一宝贵资源，使离子型稀土资源开发更加绿色高效，实现资源开采与环境保护的和谐统一，使资源优势快速地转变为经济优势，增强企业市场竞争力，需要开展离子型稀土资源的绿色开采研究，从而切实保护人类赖以生存的自然环境，高效合理地利用有限的宝贵资源，推动区域经济的可持续发展。

　　离子型稀土资源绿色开发，应当关注稀土矿山开采问题，综合考虑环境影响、资源消耗、产业政策、生态补偿等要素，依据持续发展理念、循环经济理论、国际贸易理论、绿色开采理论等，并应用现代化、科学化技术方法，科学评价和监督离子型稀土矿山绿色开采状态，为稀土矿产资源开发提供绿色保障。为了确保离子型稀土资源开发的绿色化发展，本书将整个开发过程视为复杂系统，涉及社会、经济、环境等因素，在充分借鉴国内外已有研究成果的基础上，开展了关于稀土资源绿色开发过程中所涉及的产品贸易及政策评价、环境影响评价、资源环境承载力评价、资产负债评价和生态补偿机制等研究，在研究思路上具有创新性，选取赣南地区离子型稀土矿山为例进行应用研究，在研究对象上具有针对性。本书从资源开发者角度分析如何进行稀土资源的绿色高效开采，探讨了开发过程中的产业政策与产品贸易，测算了矿山开采环境成本，评价了矿区资源环境承载力，资产负债情况与生态补偿机制，可为企业生产决策，政府监督管理等提供参考依据。

　　本书的特点主要体现在以下两方面：第一，注重科学性和可读性，结合矿业工程、经济学、管理学等相关知识，对离子型稀土资源开发进行研究，具有较强的针对性；第二，注重解决现实问题，将开发资源全过程的相关问题展开深入探讨，引入绿色理念，采用定量模型及定性分析方法解决现实性问题。本书的学术价值主要体现在通过基础理论研究，厘清了稀土资源相关政策、环境成本、资源承载力、资产负债表等内涵，建立了多个评价模型，实证分析了赣南离子型稀土典型矿区在开采过程中的政策评价、环境评价、经济评价及生态补偿评价，推进国内离子型稀土资源开发的学科前沿，丰富了相关理论和方法。

　　本书由江西理工大学易璐、刘茜、李云云共同撰写，全书分7章，易璐负责第2章、第4章、第5章和第6章的编写；刘茜负责第1章和第7章的编写以及全书的统稿和校稿；李云云负责第3章的编写。

　　本书由江西理工大学经济管理学院学术著作出版基金资助。在编写过程中，作者参考了相关学者的有关研究成果及文献资料，在评审及出版过程中，得到了江西省社会科学规划办公室、江西理工大学社科处、江西理工大学经济管理学院各位领导和老师的大力支持和帮助，在此，一并表示衷心的感谢！

　　由于作者水平所限，书中难免有疏漏和不足之处，敬请广大读者和同行批评指正。

易　璐

2024 年 3 月

目　　录

1 稀土资源开发利用现状

1.1 稀土资源概况

稀土是重要的战略资源，也是不可再生资源。稀土是 15 种镧系元素以及与之密切相关的钪（scandium）和钇（yttrium）元素的总称，是一组具有相似化学性质的 17 种元素，这些元素的原子序数从 57 到 71。虽然这些稀土元素在地壳中的存在量相对丰富，但是它们的分布并不均衡，很难以高纯度的形式存在，且难以提取和分离。因此，人们将这组元素称为"稀土"。稀土在现代科技和工业中具有重要的作用和价值，广泛运用于电子产品、绿色能源技术、汽车制造和国防技术等领域，是支撑高科技发展必不可少的原材料。

1.1.1 稀土资源的特点和分类

1.1.1.1 稀土资源的特点

（1）高度集中性：全球稀土资源的分布非常不均衡，少数几个国家拥有大部分的稀土资源储量和产量。目前，我国是全球稀土储量和产量最多的国家。

（2）具有复杂性：稀土资源的提取和分离过程相对复杂。稀土元素通常以复杂矿物的形式存在，需要经过矿石选矿、冶炼、萃取等多道工序才能获得纯度较高的稀土元素。

（3）环境影响性：稀土资源的开采和加工过程可能对环境造成负面影响。一些稀土矿床中可能含有放射性元素和有毒物质，同时，稀土提取过程需要大量的能源和化学品，可能产生废水、废气和固体废物，对土壤、水源和生态系统造成污染。

（4）重要应用性：稀土元素在许多高科技和工业领域具有广泛的应用，包括电子产品、磁性材料、照明、催化剂、能源技术和国防等，稀土资源被视为一种重要的战略资源，对许多国家的经济和技术发展至关重要。

（5）不可替代性：尽管存在一些替代材料和技术，但在某些特定应用领域，稀土元素仍然难以替代。这是因为稀土元素具有独特的物理和化学特性，无法完全被其他元素所代替，这增加了对稀土资源的需求和依赖。

1.1.1.2 稀土资源的分类

稀土资源可以根据其化学成分、地质储存形式和产出方式等进行分类，常见的稀土资源分类主要有以下几种。

（1）根据稀土元素的含量，稀土资源可以分为轻稀土、重稀土、中间稀土。

轻稀土（Light Rare Earth Elements，LREE）：包括镧（La）、铈（Ce）、镨（Pr）、钕（Nd）、钷（Pm）、钐（Sm）和铕（Eu）等元素。它们的原子序数较小，相对较常见，且在稀土矿石中的含量较高。轻稀土在许多应用领域中广泛使用，如催化剂、磁性材料、电池、光纤通信等。

重稀土（Heavy Rare Earth Elements，HREE）：包括钆（Gd）、铽（Tb）、镝（Dy）、钬（Ho）、铒（Er）、铥（Tm）、镱（Yb）和镥（Lu）等元素。重稀土的原子序数较大，相对较少见，且在稀土矿石中的含量较低。重稀土在一些高端应用中具有重要的作用，如磁体、激光器、核燃料等。

此外，也有学者把钐（Sm）、铕（Eu）、钆（Gd）、铽（Tb）和镝（Dy）等元素分为中间稀土（Middle Rare Earth Elements，MREE），认为它们的原子序数介于轻稀土和重稀土之间。中间稀土在某些特定应用领域中具有重要的作用，如磁体、电池、照明等。

（2）根据矿石类型，稀土资源可以分为碳酸盐型矿石、氧化物型矿石、磷酸盐型矿石。

碳酸盐型矿石是指含有稀土元素的碳酸盐矿物作为主要矿石矿物的一类稀土矿石，在稀土资源中占据重要的地位，碳酸盐矿石稀土的形成通常与火山活动、岩浆活动、风化侵蚀、生物作用等多种地质过程有关，包括白云石、芸长石等。

氧化物型矿石是指含有稀土元素的氧化物矿物作为主要矿石矿物的一类稀土矿石，氧化物型矿石在稀土资源中比较常见，包括独居石矿、矿石型独居石等。

磷酸盐型矿石是指含有稀土元素的磷酸盐矿物作为主要矿石矿物的一类稀土矿石，通常具有一些特殊的物理和化学性质，如高熔点、良好的高温稳定性、低的热导率等，包括磷灰石、菱铁矿等。

（3）根据稀土资源的开采特点和使用环境来进行划分，可以分为地下稀土、浅层稀土、海底稀土。

地下稀土是指埋藏在地壳深处的稀土矿床，需要进行深层开采，这种类型的稀土资源开采难度及成本较高，常常需要采取地下开采和洞穴开采等技术手段。

浅层稀土是指埋藏在地壳较浅层的稀土矿床，相对而言开采难度较低，这种类型的稀土资源可以通过露天开采或较浅的地下开采等方式进行开采，浅层稀土资源的开采成本相对较低，但储量也相对较少。

海底稀土是指位于海底的稀土矿床，开采方式具有独特性，这种类型的稀土资源需要通过海洋技术手段进行开采。海底沉积物中稀土资源储量巨大，特别是价值更高的中重稀土，约占总稀土储量的50%，如海底钻探、吸附采矿等，海底稀土开采涉及海洋环境保护和技术挑战，开采成本较高，但可能具有丰富的储量。

（4）根据产品分类，稀土资源可以分为磁性材料用稀土、光电材料用稀土、催化剂用稀土、医药用稀土等。

磁性材料用稀土，磁性材料是稀土最重要的应用领域之一。稀土元素具有优异的磁学性质，可以用来制备各种性能优异的磁学材料，其中在永磁材料中的应用较为广泛。

光电材料用稀土，光电材料是另一个重要的稀土应用领域，稀土因其特殊的电子层结构而具有一般元素所无法比拟的光谱性质，稀土发光几乎覆盖了整个固体发光的范畴，只要谈到发光，几乎就离不开稀土，钇、铕、铽等稀土元素常用于制造光纤、激光器、荧光粉等光电器件。

催化剂用稀土，催化剂也是稀土应用的重要领域之一，稀土元素在催化剂中起到促进化学反应、改善反应选择性和增强催化活性的作用，镧、铈等稀土元素常用于制造汽车尾气净化催化剂、石油加工催化剂等。

医药用稀土，稀土在医药领域中具有广泛的应用，稀土元素在医药制剂中常用作荧光标记剂、造影剂、磁性共振成像剂等，铕、钇、铽等稀土元素常用于医药领域。

稀土还在许多其他领域中得到应用，如电子、通信、能源、汽车、航空航天等。在电子产品，稀土元素用于制造显示屏、电池、电容器等；在通信领域，稀土元素用于制造光纤通信设备和激光器；在能源领域，稀土元素用于制造节能灯、太阳能电池等；在汽车行业，稀土元素用于制造汽车零部件和减排催化剂；在航空航天领域，稀土元素用于制造航空发动机和航天器材料。

1.1.2 稀土资源的储量和分布

1.1.2.1 全球稀土资源的储量和分布

稀土资源的储量是一个动态变化的数据，受到多种因素的影响，包括地质环境、成矿条件、开采和加工技术等。近年来，世界稀土储量整体维持在 1.2 亿吨左右，2015～2023 年全球稀土资源储量如图 1-1 所示。

稀土资源的储量分布不均衡，主要集中在少数几个国家和地区，如图 1-2 所示。根据美国地质局数据显示（数据均以稀土氧化物 REO 公吨计算），2023 年全球稀土资源储量为 1.1 亿吨，较 2022 年有所减少，我国仍为稀土储量最多的国家达到 4400 万吨，其次是越南约为 2200 万吨、巴西约为 2100 万吨、俄罗斯约为 1000 万吨。

越南拥有丰富的稀土资源，稀土储量仅次于中国，约为 2200 万吨。越南稀土资源分布较广、品位较高，位于莱州的东宝矿区是越南最大的稀土矿区，越南的稀土资源包含了 17 种稀土元素，其中轻稀土和重稀土的比例约为 7∶3，与世界平均水平（8∶2）相近，结构较为合理。

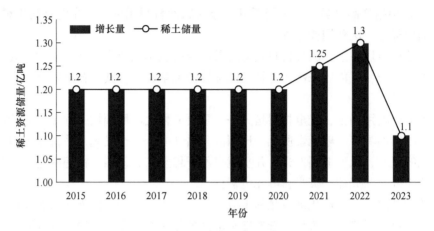

图 1-1 2015~2023 年全球稀土资源储量

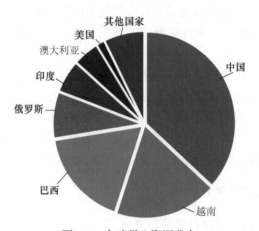

图 1-2 全球稀土资源分布

（根据 U. S. GeologicalSurvey, Reston, Virginia：2024）

　　巴西的稀土资源仅次于中国和越南，排名世界第三，约为 2100 万吨，巴西的稀土资源主要分布在米纳斯吉拉斯州和巴伊亚州等地。这些地区拥有丰富的稀土矿产，包括氧化铈矿、氧化钐矿等多种矿产。

　　俄罗斯也是世界稀土资源储量非常丰富的国家之一，稀土资源储量约为 1000 万吨，俄罗斯的稀土资源主要分布在西伯利亚地区，主要的稀土矿物形式包括独居石、氟碳铈矿、磷钇矿。

　　印度的稀土资源储量在世界范围内占据重要地位，稀土资源储量达到了 690 万吨。印度的稀土资源主要分布在安得拉邦的阿南塔普尔地区和拉贾斯坦邦的巴尔梅尔地区。印度稀土资源较为丰富和多样，阿南塔普尔地区发现了含有 15 种稀土元素的大量矿藏，而巴尔梅尔地区则被确认有高浓度的稀土资源，除 17 种稀土元素外，至少还有像锆、铌、银、钍和铀4种重要矿种。

澳大利亚是全球稀土资源的重要产地之一，稀土资源储量达到了570万吨。主要为独居石，大部分是从生产金红石、锆英石和钛铁矿的副产品中加以回收，主要矿床包括韦尔德山碳酸岩风化壳稀土矿床和澳大利亚东、西海岸的砂矿床。

美国的稀土资源相对丰富，稀土资源储量约为180万吨，美国的稀土资源主要分布在加利福尼亚州、得克萨斯州、田纳西州和内华达州等地。美国共有四类稀土矿床，分别是位于爱达荷州的冲积矿床，怀俄明州及加利福尼亚州的纽约地区的堆积矿床，新墨西哥州及加利福尼亚州的矿脉型床，科罗拉多州及加利福尼亚州的芒廷帕斯地区的碳酸盐岩及碱性矿床。其中，加利福尼亚州的芒廷帕斯稀土矿是美国最著名的稀土矿区，该矿区的稀土储量非常丰富。

1.1.2.2 我国稀土资源的储量和分布

我国拥有较为丰富的稀土资源，占全球稀土储量的40%，位居全球第一。我国作为世界稀土资源大国，不但储量丰富，且种类丰富、元素齐全，包括17个元素。同时，我国稀土资源品位也非常高，稀土品位指的是稀土元素在矿石中的含量和质量，通常用稀土氧化物（REO）的含量来表示。我国的稀土矿石中，稀土氧化物的含量普遍较高，一般在2%～10%之间，甚至有些矿石的稀土氧化物含量更高。这种高品位的稀土资源为我国稀土产业提供了得天独厚的条件。高品位的稀土资源意味着在提取稀土元素时，可以获得更高的纯度和更少的杂质，从而降低了生产成本并提高了产品质量。这也是中国稀土产业在全球市场上具有竞争力的一个重要原因。高品位的稀土资源也为稀土元素的研发和应用提供了更多的可能性，推动了稀土产业的不断升级和发展。

我国稀土矿床分布广泛，全国三分之二以上的地区发现了矿床，主要矿种包括磷灰石、铈矿、钍矿、独居石等。目前，除集中分布于江西、内蒙古、四川三省（区）外，山东、广东、湖南、广西、云南、贵州、福建等省（区）亦有稀土储量分布，资源赋存呈现"北轻南重"的分布特点。内蒙古包头主要以轻稀土为主，稀土资源储量较大，包头市又被称为中国"稀土之都"，南方多省以中重稀土为主。

"轻"是指轻稀土，我国的轻稀土主要分布在内蒙古包头等北方地区及四川凉山等地，其中内蒙古包头的白云鄂博矿区最多，其稀土含量占全国稀土储量的83%，是我国最大也是世界上最大的稀土矿床，同时还是全球第二大铌矿（核工业重要原料之一）和我国重要的铁矿产地。白云鄂博矿区位于内蒙古包头市以北150公里处，地处华北板块边缘，位于宽沟断裂南部，赋存于中元古界白云鄂博群，矿体直接围岩为变质白云岩或硅质板岩之间。1927年，我国著名地质学家丁道衡首次发现了白云鄂博铁矿。1934年，著名矿物学家何作霖又发现了稀土矿物，揭开了白云鄂博神奇的面纱。白云鄂博共发现了18种新矿物，约占我国发现新矿物总数的 10%，也是我国发现新矿物最多的矿床，2023 年更是发现一种全新结构重稀土新矿物——白云钇钡矿，白云钇钡矿是一种全新结构和全新成分的新矿物，也是世界上首次发现的氟碳酸盐重稀土新矿物。

"重"是指离子型中重稀土，离子型中重稀土主要分布在江西赣州、福建龙岩等南方地区，全球已知的重稀土储量中，几乎都集中在我国南方地区，约占全国离子型稀土矿产总量的 40%，江西赣州是素有"稀土王国"的美誉，赣州是离子型稀土的发现地，开采工艺的发明地。赣南地区的稀土资源主要分布在赣州南部的龙南县、寻乌县、定南县、安远县，以及赣州中部的信丰县、赣县等地。其中，龙南、寻乌、定南、赣县、安远、信丰、全南 7 个县是赣州市辖区内稀土资源较为丰富的地区。从纬度上看，这些稀土资源主要分布于 24.5°~27°N 之间，其中又以 24.5°~27°N 和 27°~28°N 两个区域最为集中。这些地区的稀土矿产赋存于燕山期花岗岩风化层中，分布广泛且埋藏浅。

1.1.3 稀土资源的产量和进出口量

1.1.3.1 产量

从全球稀土资源产量总量来看，由于稀土在高科技、清洁能源和新兴产业等高科技领域广泛应用，近年来，全球稀土资源的产量整体呈现稳步增长态势，如图 1-3 所示，2015 年全球稀土产量为 13 万吨，2023 年则增长至 35 万吨。

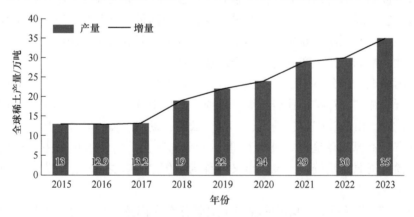

图 1-3 2015~2023 年全球稀土产量

全球稀土产量受到多种因素的影响，包括全球经济形势、生产工艺、政策法规等，从而导致资源供应的不稳定性和价格的波动。

（1）全球资源储备：全球稀土资源主要集中在中国、美国、澳大利亚等少数国家，这些国家的稀土资源储量直接影响了全球稀土的产量。

（2）生产工艺：随着科技的不断发展，生产工艺得到不断改进和完善，稀土的产量也随之提高。同时，为了满足不同的应用需求，各种新型稀土材料也不断被开发出来，进一步提高了稀土的产量。

（3）政策环境：各国政府对稀土产业的发展都给予了高度重视和支持，通过制定相关政策和法规来促进稀土产业的发展和产量的提高。例如，我国就出台了一系列政策来鼓励稀土产业的发展，包括给予税收优惠、资金扶持等。

（4）市场需求：稀土作为重要的原材料，其需求量直接影响全球稀土的产量。随着全球对可再生能源和节能技术的需求不断增长，稀土的需求也将不断增加，从而推高了全球稀土的产量。

（5）国际关系：稀土作为重要的战略资源，其产量也会受到国际关系的影响。例如，为了保障稀土资源安全，美西方正大力推进稀土供应链及产业链"去中国化"进程，试图重构以美西方为主体的完整稀土产业链。

1.1.3.2 进出口量

稀土资源的进出口是指稀土矿石、稀土金属、稀土合金、稀土化合物等稀土产品的跨国贸易活动，稀土资源的进出口涉及供应国和需求国之间的贸易关系。我国是全球最大的稀土资源生产国，拥有丰富的稀土矿藏和先进的稀土提取技术，因此中国在稀土资源的生产和出口方面占据优势地位，中国的稀土资源出口主要面向亚洲、欧洲和北美洲等地区，可满足全球对稀土的需求，2018~2023年中国稀土进出口量见图1-4。

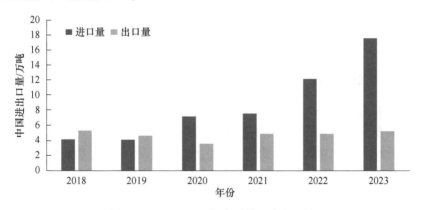

图1-4　2018~2023年中国稀土进出口量

美国也是稀土进出口的重要国家，尽管美国拥有丰富的稀土资源，但其缺乏完整的产业链，在冶炼和分离方面存在困难。在稀土产业链尤其是中游环节存在明显短板，具有较高的对外依赖度。美国通常将稀土矿石运到中国进行冶炼和分离，再从中国进口所需的稀土制品。

其他稀土资源生产国也参与了稀土资源的进出口贸易，包括澳大利亚、越南、缅甸、俄罗斯、加拿大等国家在内的一些国家也具有较大规模的稀土资源储量，这些国家通过稀土资源的出口满足国际市场的需求。

稀土资源的进出口贸易受多种因素的影响，主要包括以下几个方面。

（1）国家政策和限制措施：各国政府对稀土资源的开采、加工和出口可能实施不同的政策和限制措施。这些政策和措施包括出口配额、关税、出口许可证、环境规定等。这些政策和措施会直接影响稀土的进出口贸易，并对市场供应和价格产生影响。

（2）国际贸易规则和协定：国际贸易规则和协定对稀土进出口贸易也起着重要作用。例如，世界贸易组织（WTO）的规则和协定对贸易限制、关税和非关税壁垒等进行了规范。贸易争端和谈判也会对稀土贸易产生影响。

（3）供求关系和市场需求：稀土的供求关系和市场需求是影响稀土进出口贸易的重要因素。各国对稀土的需求量、应用领域的扩展和技术创新等因素都会影响贸易的规模和趋势。

（4）环境和可持续发展考虑：稀土资源的开采和加工对环境可能带来一定的影响。为了保护环境和实现可持续发展，一些国家和地区可能对稀土的进口和出口设置环境标准和限制，或者鼓励使用再生稀土和提倡资源循环利用。

（5）科技进步和产业发展：随着科技进步和产业发展，稀土的应用领域和需求也在不断变化。新兴技术和产业的发展可能对稀土的进出口贸易产生影响，例如，新能源、电动汽车、磁性材料、光学器件等领域的需求增长。

1.2 稀土产业状况

1.2.1 稀土产业链构成

稀土的背后是一个庞大绵长的产业链和产业群，科技含量越高，经济附加值也越高。稀土应用产业链从最初的矿石开采到终端产品生产，一般经历选矿、冶炼、精矿分解、氯化稀土和碳酸稀土的生产、萃取稀土氧化物、稀土金属的生产、永磁体等材料产品生产等多个环节。具体来说，稀土产业是指与稀土元素相关的开采、生产、加工和应用的产业链，通常可以划分为上游、中游和下游（见图 1-5）。

1.2.1.1 上游产业链

稀土上游产业链是指稀土资源的开采、提取和初级加工，上游环节的主要任务是获取稀土矿石，并将其提供给中游环节进行进一步加工和提纯，具体来说包括以下主要环节。

（1）稀土矿产开采：稀土矿石是稀土产业的起点，稀土矿石的开采是稀土上游产业链的第一步。稀土矿石产地主要集中在中国、澳大利亚、美国、俄罗斯等国家。开采过程需要进行地质勘探、矿石开采、矿石选矿等工艺。

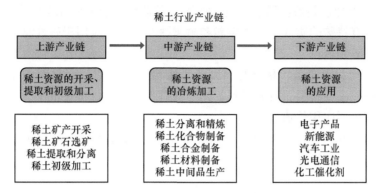

图 1-5　稀土行业产业链简图

（2）稀土矿石选矿：稀土矿石中含有多种稀土元素，选矿是将矿石中的稀土矿物与杂质分离的过程。选矿的目标是提高稀土品位，减少杂质含量。常用的选矿方法包括浮选、重选、磁选等。

（3）稀土提取和分离：稀土提取和分离是将稀土元素从稀土矿石中分离出来的过程。稀土提取方法主要包括湿法提取和干法提取，其中湿法提取是目前主要的工艺。湿法提取包括酸浸和碱浸等步骤，通过不同的化学反应和分离工艺将稀土元素分离出来。

（4）稀土初级加工：稀土初级加工是将稀土元素进行精炼、合金化等处理的过程。初级加工的目的是提高稀土的纯度和适应性，以满足各种应用需求。初级加工工艺包括溶解、还原、精炼等步骤。

稀土上游产业链的发展对整个稀土产业的供应和市场稳定起着重要作用。稀土上游产业链的稳定和可持续发展需要科学的开采和提取技术、环境保护和资源管理措施的支持，以确保稀土资源的高效利用和可持续发展。

1.2.1.2　中游产业链

稀土中游产业链是指稀土资源的冶炼加工，涵盖了稀土产业链中的冶炼、分离和深加工。稀土矿石经过冶炼和分离的过程，将稀土元素从矿石中分离出来，中游环节的产物通常是稀土的中间产品，如稀土氧化物、稀土金属或稀土化合物，主要包括以下环节。

（1）稀土分离和精炼：稀土中游产业链的首要环节是稀土的分离和精炼。在这一阶段，稀土元素从初级加工中获得的稀土混合物中进一步分离出来，以获得较高纯度的单一稀土产品。这些稀土产品通常以氧化物、金属、合金等形式存在。

（2）稀土化合物制备：稀土化合物制备是指将稀土元素与其他化学物质反应，制备出具有特定用途的稀土化合物。这些化合物包括氧化物、碳酸盐、硝酸盐、氯化物等，广泛应用于电子、光电、磁性材料、催化剂等领域。

（3）稀土合金制备：稀土合金是将稀土元素与其他金属元素合金化的产品。稀土合金具有特殊的磁性、力学性能和耐腐蚀性，广泛应用于磁性材料、储氢合金、催化剂等领域。

（4）稀土材料制备：稀土材料制备是将稀土元素应用于材料制备领域，包括稀土陶瓷、磁性材料、发光材料、光学材料等。这些材料在电子、光电、能源等领域具有重要应用价值。

（5）稀土中间品生产：稀土中游产业链还包括稀土中间品的生产，如稀土盐类、稀土溶液、稀土催化剂等。这些中间品是供给下游行业使用的关键原材料。

稀土中游产业链的发展对稀土产业的附加值和市场竞争力起着重要作用。在这个环节中，关键的挑战包括技术创新、工艺优化、产品质量控制和环境保护。通过加强中游环节的技术研发和创新，可以提高稀土产品的附加值，并满足不同领域的需求。

1.2.1.3　下游产业链

稀土下游产业链是指稀土资源的应用，主要是稀土产业链中的终端产品制造环节。在这个环节中，稀土的中间产品经过进一步加工和精炼，制造成各种终端产品，主要包括以下主要领域和产业。

（1）电子产品：稀土在电子产品中广泛应用，如液晶显示屏、LED照明、电池、磁性材料等。稀土元素的特殊性能使其成为电子产品中重要的功能材料。例如，镧系稀土元素常用于电视和电脑显示屏的荧光体、磁性材料中的钕铁硼磁体被广泛应用于电动汽车和风力发电机等。

（2）新能源：稀土在新能源领域起着重要作用，如风能、太阳能和氢能等。稀土材料在风力发电机、太阳能电池、燃料电池等领域中被广泛应用。例如，镧系稀土元素在永磁直驱风力发电机中具有重要作用，镧系稀土催化剂在燃料电池中用于电化学反应。

（3）汽车工业：稀土在汽车工业中的应用日益重要。稀土材料在汽车中的应用包括永磁电机、催化转化器、燃料电池、催化剂等。稀土钕铁硼磁体广泛应用于电动汽车和混合动力汽车的驱动电机。

（4）光电通信：稀土在光电通信领域中起着关键作用。稀土材料用于光纤放大器、半导体激光器、光纤通信传输等。稀土材料通过吸收和放射光信号来增强和传输光信号。

（5）化工催化剂：稀土催化剂在化工领域中广泛应用。稀土催化剂可用于炼油、石化、化学合成等过程，提高反应速率和选择性，减少能源消耗和环境污染。

稀土下游产业链的发展与各个应用领域的需求紧密相关。随着新能源、电子、汽车等产业的快速发展，稀土在这些领域的需求也在增加。稀土下游产业链的创新和发展需要不断提高稀土产品的质量、性能和可持续性，并积极应对环保和资源可持续利用的挑战。

1.2.2 稀土产业发展阶段

1.2.2.1 全球稀土产业的发展阶段

（1）初期探索阶段：17 个稀土元素的相继发现经历了漫长的时期，1787 年瑞典矩管阿伦尼乌斯（C. A. Arrhennius）在瑞典的小村伊特比（Ytterby）发现了一种新矿物。由于稀土元素其稀有性和提取难度，直到 20 世纪初期才开始进行大规模的商业开采。这个阶段的特点是对稀土元素的性质和用途有了初步的了解，但对其潜在的应用领域还知之甚少。

（2）早期工业化阶段：20 世纪中期，稀土产业进入了工业化阶段。在这个阶段，稀土元素被逐渐应用工业领域。稀土矿产资源得到大规模开发和加工，稀土元素的提炼和加工技术也有了显著改进。在这个阶段，美国、苏联、澳大利亚和其他一些国家开始参与稀土产业的发展。然而，由于当时科技水平有限，稀土元素的应用范围相对较窄，产量也较低。

（3）技术逐步完善阶段：20 世中后期，稀土产业进入了技术逐步完善阶段。这个阶段的主要特点是稀土元素的提炼和加工技术进一步完善，使稀土产品的性能和使用范围都有了很大的提升。此外，稀土元素的应用领域也在继续扩大，尤其是在电子和能源领域。其中 20 世纪 40 年代至 60 年代，稀土供应由欧洲主导，欧洲通过开发独居石等稀土矿藏，逐渐成为全球稀土的主要供应国。稀土产品价格也在这个时期达到了高位；从 60 年代开始，美国开始大力发展稀土产业，逐渐取代欧洲成为全球稀土的主要供应国。在这个时期，稀土价格出现了下跌，随后进入了长时间的震荡期。

（4）快速发展阶段：20 世纪 90 年代至今，稀土产业进入了快速发展阶段。这个阶段的主要特点是稀土元素的需求量急剧增加，尤其是由于新能源汽车、风力发电、移动通信等新兴领域的快速发展，稀土元素的应用领域进一步扩大。此外，随着中国大力发展稀土产业，全球稀土产业的规模快速扩大，中国逐渐成为全球稀土的主要生产国和出口国。

（5）当前发展阶段：全球稀土产业正处于一个新的发展阶段，即全球稀土多元化供应格局正在加速形成。这主要是由于稀土是支撑高端技术创新和新兴产业发展的关键原材料，也是国际争夺的重要战略性矿产资源。因此，各国都在积极寻求稀土的多元化供应并推动了稀土产业可持续发展，以减少对单一来源的依赖，澳大利亚、美国、俄罗斯、巴西、印度和加拿大等国家都加强稀土资源的开发和利用，不断提高稀土产品的自给率。目前，全球稀土产业竞争加剧，并形成了多元供应的格局。中国不再是全球稀土冶炼分离产品唯一供应来源。

1.2.2.2 中国稀土产业发展阶段

稀土作为一种关键矿产，中国具有稀土资源优势。经过几代人的艰苦努力，凭借强大的资源、成本、产业链优势，中国稀土行业走在了世界前列。中国稀土产业的发展阶段可以大致划分为以下几个阶段：

（1）起步阶段：1949~1970 年，中国稀土工业刚刚起步。1949 年 12 月全国钢铁工业会议召开，国家正式对白云鄂博矿产资源实行普查。国家组织了地质调查和研究，对稀土资源进行了勘探和开发。1956 年，国家发布了关于稀土元素的研究和发展规划，将稀土列为重点科研项目。

（2）规模扩张阶段：20 世纪 70 年代末实行改革开放以来，中国稀土工业迅速发展。稀土开采、冶炼和应用技术研发取得较大进步，产业规模不断扩大，基本满足了国民经济和社会发展的需要。1970~1990 年，中国稀土产业经历了规模的快速扩张，大量的投资流入稀土产业，促使产量迅速增长，中国成为全球最大的稀土生产国，稀土产品出口量大幅增加，出口价格逐渐下降，同时也引发了一些环境和资源问题。

（3）规范发展阶段：1990~2010 年，国家加强了对稀土资源的保护和管理。中国政府在规范稀土开采、生产和出口等方面出台了一系列政策，政策着眼点在于规划与控制，主要目标是合理开发和利用国家的稀土资源。稀土产量高速增长的趋势得以逐步扭转，稀土出口价格逐步上升。这一阶段，国家还加大了对稀土走私等违法行为的打击力度。

（4）高质量发展阶段：2011 年至今，中国稀土产业进入了高质量发展阶段。产业结构进一步优化，稀土集团成功组建，行业综合整治深入推进。目前，中国已经成为全球最大的稀土资源生产、出口和消费国，建成了较为完整的稀土工业体系，市场环境逐步完善，科技水平进一步提高，应用产业也加速向高端迈进，稀土新材料产量大幅增加，产品质量和国际竞争力得到提升。此外，绿色低碳发展也成为稀土产业的重要方向，产业绿色发展水平不断提升。

1.2.3 稀土产业发展影响因素

稀土产业发展受到多种因素影响，这些因素相互交织，并且可能因地区和时间的不同而产生不同的影响程度，主要包括以下几个方面。

（1）市场需求。稀土产业的发展与全球市场需求密切相关。稀土元素在许多高科技领域的应用中起着重要作用，如电子产品、汽车制造、绿色能源等。市场需求的变化直接影响着稀土产品的价格和供需平衡，进而影响到稀土产业的盈利能力和发展前景。因此，全球市场对稀土产品的需求量和品种多样性是影响产业发展的关键因素之一。

（2）资源供应。稀土资源作为不可再生资源，其供应情况直接影响稀土资源可持续利用。稀土元素的储量分布不均，少数国家拥有丰富的稀土资源，如中国、美国、澳大利亚等。稀土矿石的开采和资源供应的稳定性对产业的供需平衡、价格稳定性和竞争力产生直接影响。

（3）政策环境。稀土作为重要的战略资源，政府在稀土产业发展中扮演着引导、监管和支持的角色，通过政策措施来促进稀土产业的可持续发展和保障国家利益。政府可以通过制定支持政策、管理出口和保护环境等措施来调控稀土市场，引导稀土产业健康发展，提高资源利用效率，促进技术创新和产业升级，推动稀土产业在全球经济和技术发展中发挥更大的作用。

（4）技术创新。稀土产业的技术创新对于提高产品质量、降低生产成本和实现可持续发展至关重要。新的技术和工艺的引入和应用可以改进稀土的提取和分离方法，减少对环境的影响，提高资源利用效率，同时，科技创新和替代品的发展可能对稀土市场供需格局产生影响。

（5）国际贸易格局。稀土是国际贸易的重要组成部分，国际贸易政策和地缘政治因素对稀土市场产生重要影响。国家之间的贸易争端、出口限制、关税政策等都可能对稀土市场和价格造成波动，主要体现在市场供需、产业链布局、竞争格局以及国际合作与交流等方面。

（6）环境因素。稀土元素的开采和处理通常会给环境带来严重的影响。稀土元素除了富集度很低以外，许多矿床含有高浓度的放射性元素（如铀和钍），需要对其进行分离和处理。采矿和处理过程对土地的占用也非常严重，在生产过程中，提取、分离和精炼过程需要消耗大量的水、酸性物质和电能，尤其是在离子交换、分离结晶和萃取过程中消耗得更多。因此，环境保护要求推动了稀土产业的技术创新和升级，促进稀土资源的合理利用和循环利用，也影响了稀土产业的市场需求和竞争格局，对稀土产业的政策和法规制定产生了影响，直接关系到产业的长期竞争力和未来发展。

（7）经济周期。全球经济状况和经济周期对稀土产业的需求和价格产生直接影响，经济周期通常包括繁荣期、衰退期和复苏期，这些不同阶段的经济状况对稀土产业供需关系、产品加工、投资和开发、政策调整等产生影响。

1.3 稀土资源开发应用现状与发展方向

1.3.1 稀土资源开发应用现状

1.3.1.1 稀土资源开发现状

（1）主要生产国及多元化供应。从全球稀土资源产量地区分布来看，我国一直以来是稀土产量第一大国，除了中国，其他国家如美国、澳大利亚、缅甸和泰国也有稀土产出，这些国家的稀土产量也在逐渐增多，显示出全球稀土供应链的多元化趋势。

2023年全球稀土产量为35万吨，如图1-6所示，中国稀土产量最高为24万吨，占全球稀土产量的69%；美国受到开采技术、开采成本、战略保留等多方面因素影响，稀土开采规模虽没有中国大，但是全球稀土产量第二大国，2023年稀土产量为4.3万吨，占全球稀土产量的12%；缅甸稀土产量由2022年的全球第五跃居全球第三，共计3.8万吨，占全球稀土产量的11%；澳大利亚稀土产量为1.8万吨，占全球稀土产量的5%。

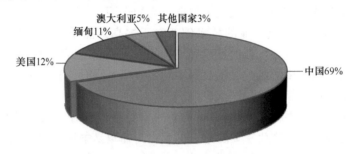

图1-6 2023年全球稀土产量分布情况

（2）技术不断进步。随着科技的不断进步，稀土资源的开采和冶炼技术也在不断提高。20世纪60年代，稀土分离提纯技术一直掌握在少数国家手中，拥有巨大稀土资源的中国，却不得不从国外高价购买深加工的稀土产品。经过徐光宪院士等老一辈科学家几十年的艰苦努力，我国稀土分离化学与工程研究取得长足进步，在稀土采掘、冶炼、分离提纯方面占据领先地位。近日，我国科学家成功研发出风化壳型稀土矿电驱开采技术，稀土回收率提高约为30%，杂质含量降低约为70%，开采时间缩短约为70%。

（3）价格波动。稀土资源的价格受到供需需求、政策调控、地缘政治因素、投资和市场情绪、技术创新和替代品等因素影响而不断变化。与此同时，国际稀土资源价格长期走势很大程度上取决于中国稀土资源价格走势。近年来，中国稀土资源价格波动经历了由低到高再回落的过程。一段时期以来，稀土价格没有真实反映其价值，长期低迷，资源的稀缺性没有得到合理体现，生态环境损失没有得到合理补偿。自2006年起，出于发展稀土产业和保护稀土资源需要，中国出台了一系列相关政策，这一局面有所扭转。

（4）市场需求持续上涨。稀土是重要的战略资源，由于具有特殊的物理和化学性质，被广泛应用于国民经济和国防工业的各个领域，是当今世界各国工人的改造传统产业，发展高新技术和国防尖端技术不可或缺的原材料。随着经济的发展和产业结构的升级，许多新兴产业如新能源汽车、智能手机、高端装备制造等对稀土的需求量不断增加。稀土在这些高技术领域中扮演着重要角色，例如永磁材料中的钕铁硼合金需要稀土，新能源汽车的电动机和控制器也需要大量的稀土等；在能源领域，稀土元素在风能和太阳能发电中的应用将进一步增加。稀土永磁材料在风力发电机和太阳能电池中的使用有助于提高能源效率。此外，稀土元素在电动车和能源储存系统中的应用也有巨大的潜力。稀土永磁材料的使用可以提高电动车的动力性能，并延长锂电池的寿命。

（5）环保要求越来越高。随着社会对环境保护和可持续发展的重视程度不断提高，稀土资源开采的环保要求也在逐步提高。公众对环境问题的认识不断提高，对于资源开采活动对环境带来的潜在影响更加关注。政府、企业和社会各界都更加重视保护生态环境，推动了环保要求的提高；政府和监管机构制定了更加严格的环境法规和标准，对于资源开采企业提出了更高的环保要求。违反环保法规可能面临更严重的处罚，这促使企业加大环保投入力度。此外，国际的环保标准和要求逐渐趋同，跨国企业在不同国家开展业务需要遵守更高的环保标准，这也推动了稀土资源开采环保要求的提高。

1.3.1.2 稀土资源应用现状

稀土资源的应用领域非常广泛，几乎涵盖了各个工业领域。以下是一些主要的应用领域和稀土产品。

（1）稀土永磁材料。稀土永磁材料是一类特殊的磁性材料，由稀土元素构成，如钕铁硼磁体和钴稀土磁体。稀土永磁材料广泛应用于国防军工、航天、航空、计算机、通信、信息、能源、交通、船舶、石油、化工、纺织、家用电器等国民经济的各个领域，是信息化、自动化、智能化、节能环保必不可少的基石。随着新能源行业快速发展，稀土永磁材料的需求量不断增加，尤其是在新能源汽车、风电等领域有着广泛的应用。

（2）稀土荧光粉。稀土荧光粉是一种含有稀土元素的粉末材料，通常用于制造荧光灯、LED照明、显示器和其他光学产品中，稀土元素的特殊性质使荧光粉具有较高的荧光效果和色彩表现能力，带来更亮、更节能、更饱满的色彩表现。稀土发光材料已发展成为高品质显示和绿色照明领域的关键支撑材料之一，在技术进步和社会发展中发挥着重要作用。

（3）稀土催化剂。稀土催化剂是一种特殊的催化剂，主要利用稀土元素的特殊性质来提高催化反应的效率和选择性。稀土催化剂在很多领域都有广泛的应用，特别是在化学工业、汽车尾气净化、石油提炼和合成橡胶等方面，其应用领域广泛，对于促进工业发展、改善环境质量和推动清洁能源技术的发展都具有重要意义。

（4）稀土金属合金。稀土金属合金是由一种稀土金属（混合和单一金属）或其他金属与非金属元素结合而成的，并可制成二元或多元的稀土合金产品。这种稀土合金具有独特的性质，因此在各个工业部门中有着广泛的用途，需求量也持续激增。在新能源领域，稀土金属合金被用于制造风力发电机组的叶片和磁体，以及高效、环保的稀土永磁发电机。在电子领域，稀土金属合金是制造电子器件、显示屏、光学仪器等的重要组成部分，特别是稀土永磁材料在电机、发电机、传感器等领域有广泛应用。

（5）稀土光学玻璃。稀土光学玻璃是一种特殊类型的光学玻璃，其中含有较多的稀土或稀有元素氧化物。它具有高折射率、低色散以及优异的光学性能，因此在许多领域都有广泛的应用。在军事方面，稀土光学玻璃可以用于制造高质量的望远镜、瞄准镜等光学仪器，提高军事装备的精度和性能。此外，稀土光学玻璃还广泛应用于照相机、电影、电视、光学仪器等领域。

1.3.2　稀土资源开发应用发展方向

1.3.2.1　稀土资源开发发展方向

稀土资源的开发发展方向主要受到市场需求、技术进步、环境保护和政策法规等多重因素的影响，呈现以下主要趋势。

（1）环保和绿色开采。稀土开采和加工过程中产生的环境问题已经引起了广泛关注，随着全球环保意识的提高，稀土资源开发将更加注重环保和绿色开采，这是实现稀土产业可持续发展的重要保证。

绿色开采技术不仅可以减少对环境的影响，还可以提高稀土资源的开采效率。通过技术创新和引进先进的开采设备，可以实现更高效、更安全的开采过程，从而减少资源浪费和人力物力的支出。

环保和绿色开采也是稀土产业可持续发展的关键，只有确保开采活动对环境的影响最小化，才能确保稀土产业的长期稳定发展。这不仅可以为稀土产业带来经济效益，还可以为社会和环境带来长远的利益。

（2）技术创新和产业升级。稀土资源开发的技术创新和产业升级是推动稀土资源开发向更高效、更环保和更具竞争力方向发展的关键。

技术创新可以优化稀土的开采、冶炼和分离过程，提高资源的提取效率和纯度，同时减少对环境的影响。技术创新主要包括开采技术创新，冶炼和分离技术创新、深加工技术创新等。开采技术创新是指研发和应用更先进的勘探技术，以提高稀土资源的发现率和开采效率；冶炼和分离技术创新是改进冶炼和分离工艺，提高稀土元素的提取效率和纯度；深加工技术创新是研发高端稀土新材料和器件，提高稀土产品的附加值和市场竞争力。

产业升级意味着通过整合产业链资源、优化产业结构，推动稀土产业向更高层次、更大规模的方向发展，涵盖产业链整合和产业集群发展。产业链整合是指加强稀土产业链上下游企业之间的合作与协同，形成产业链一体化的发展模式。

通过整合产业链资源，优化产业结构，提高整个稀土产业的竞争力；产业集群发展是指在稀土资源丰富的地区，培育和发展稀土产业集群，形成规模效应和集群优势。通过产业集群的发展，推动稀土产业向更高层次、更大规模的方向发展。

（3）资源综合利用和循环利用。稀土资源的综合利用和循环利用是稀土资源开发以及产业可持续发展的重要方向，主要涉及稀土资源的有效提取、深加工、废弃物回收和再利用等方面。

稀土资源的综合利用是指在稀土开采、冶炼和加工过程中，通过采用先进的技术和设备，提高稀土元素的提取效率和纯度，同时实现共伴生资源的综合回收和利用。例如，在稀土矿的开采过程中，除了主要稀土元素外，往往还含有其他有价值的矿物，如铌、钽、锆等。通过综合利用技术，可以将这些共伴生资源一并提取出来，提高资源的整体利用效率。

稀土资源的循环利用是指在稀土产品使用过程中，对废弃的稀土材料进行回收、处理和再利用。这不仅可以减少资源浪费，还可以降低环境污染。例如，废旧稀土永磁材料可以通过回收和处理，提取出其中的稀土元素，再用于生产新的稀土永磁材料。此外，稀土冶炼过程中产生的废渣、废水等废弃物也可以经过处理后进行再利用，实现资源的循环利用。

（4）国际合作和竞争。随着全球稀土市场的日益开放和国际化程度的提高，国际合作与竞争将成为稀土产业资源开发的主要趋势。各国将加强在稀土资源、技术、市场等方面的交流与合作，协同推动稀土资源的全球合理配置和高效利用。同时，国际竞争也将更加激烈，稀土产业需要不断提高自身实力和创新能力，以应对外部挑战和抓住发展机遇。

国际合作：稀土资源的开发、提取和深加工需要高度专业的技术和设备，通过国际合作，各国可以共享最新的技术成果，提高开采和加工效率，共同开拓市场，扩大稀土资源的全球需求。比如，美国近年来都很关注稀土产业安全，并与盟国一起重新打造稀土供应链，重启位于美国本土的芒廷帕斯轻稀土矿，拉拢澳大利亚、巴西、加拿大、日本等国在矿产、冶炼，以及磁性材料等方面开展合作等。

竞争：在稀土资源开发领域，各国都在加大研发力度，不断扩大自身市场，努力完善自己的产业链以提高稀土资源的开采效率和深加工能力，推动稀土产业的规模化、集约化发展和稀土产业链的优化升级。

（5）政策引导和监管强化。随着全球对稀土资源战略价值的认识不断提升，各国政府纷纷出台相关政策，以引导稀土产业的健康发展，并加强监管以确保资源的可持续利用。一方面，政策引导为稀土资源开发提供了明确的方向和目标，推动了稀土资源的有效利用和可持续发展；另一方面，监管强化确保了稀土资源开发的合规性，防止了过度开采和非法开采，保护了稀土资源，维护了稀土市场的稳定。

政策引导：政府通过制定稀土产业发展规划，引导企业投资方向，优化产业布局，推动稀土产业向高端化、智能化、绿色化方向发展；政府提供财政资金支持、税收优惠等措施，鼓励企业加大研发投入，推动技术创新和产业升级；制定严格的市场准入标准，规范稀土资源开发、生产、流通等环节的行为。

监管强化：政府应加强对稀土资源开发过程中的环保监管，确保企业遵守环保法规和标准；加强对企业的安全生产监管，确保企业遵守安全生产法规和标准；对稀土产品质量的监管，确保产品质量符合国家标准和市场需求。

1.3.2.2 稀土资源应用发展方向

稀土资源的应用发展方向非常广泛，涵盖了新能源、电子通信、航天军工、冶金、石油化工等多个领域，稀土资源应用发展方向，可以概括为以下几个方面。

（1）传统冶金领域。稀土在冶金领域的应用历史比较悠久，目前已经形成了较为成熟的技术和工艺。稀土元素可以用于改善钢铁、有色金属等材料的性能，如提高钢的强度、韧性和耐腐蚀性，改善有色金属的加工性能和力学性能等。

钢铁冶炼：在钢铁冶炼过程中，稀土元素可用作合金添加剂。它们可以改善钢的性能，如强度、耐磨性、耐腐蚀性和高温稳定性。稀土元素还可以在炼钢过程中调控钢的晶格结构和相变行为。

铝合金制造：稀土元素在铝合金制造中也有应用。它们可以用作合金添加剂，改善铝合金的力学性能、耐热性和耐腐蚀性。稀土元素还可以提高铝合金的热处理响应和可焊性。

铸造材料：稀土元素在铸造材料中有广泛的应用。它们可以用作铸造助剂，改善铸件的凝固性能，并减少缺陷的形成。稀土元素还可以提高铸件的力学性能和表面质量。

合金制造：稀土元素在制造其他合金中也具有重要作用。例如，镧和铈等稀土元素可以与镁形成轻质合金，具有优异的力学性能和耐腐蚀性，广泛应用于航空航天和汽车工业。

铸铁冶炼：稀土元素在铸铁冶炼中有应用，特别是在球墨铸铁的制备过程中。稀土元素添加剂可以改善铸铁的断裂韧性、力学性能和热处理响应。

（2）新能源领域。稀土在新能源领域的应用前景非常广阔，特别是在风力发电、太阳能发电、新能源汽车等领域。稀土永磁材料在风力发电机的制造中起着重要作用，能够提高发电效率并降低成本，稀土还可用于制造电动汽车的电机和电池，以及储能系统等。

风力发电：稀土永磁材料在风力发电机中扮演着关键角色。这些永磁材料用于制造风力发电机的转子，能够使风力发电机在较低的风速下就开始发电，并提高发电效率。因此，稀土在风力发电领域的应用对于推动可再生能源的发展具有重要意义。

太阳能发电：稀土元素也用于制造太阳能电池的材料。例如，稀土氧化物可以作为太阳能电池的透明导电层，提高太阳能电池的光电转换效率。此外，稀土元素还可以用于制造太阳能热水器的集热板等材料。

新能源汽车：稀土永磁材料在新能源汽车的电动机中发挥着重要作用。这些永磁材料可以提高电动机的效率和功率密度，使新能源汽车具有更好的动力性能和续航里程。同时，稀土元素还可以用于制造新能源汽车的电池材料，如稀土储氢材料等。

储能系统：稀土元素在储能系统中也有应用。例如，稀土储氢材料可以用于制造氢能源储能系统，实现氢能的储存和释放。此外，稀土元素还可以用于制造其他类型的储能系统，如电池储能系统等。

（3）电子通信领域。稀土在电子通信领域的应用也非常广泛，涉及光纤通信、磁性材料、发光材料和微波器件等多个方面。这些应用不仅提高了电子通信设备的性能和稳定性，还推动了电子通信技术的不断发展和创新。随着科技的进步和产业的发展，稀土元素在电子通信领域的应用前景将更加广阔。

光纤通信：稀土元素在光纤通信中发挥着关键作用。光纤通信是现代通信技术的重要发展方向，具有传输距离远、传输速度快、传输容量大等优点。稀土元素如铈（Ce）、镨（Pr）、钕（Nd）等被用于制造光纤放大器，这些放大器可以补偿光纤传输过程中的信号损耗，从而提高光纤通信系统的传输距离和性能。

磁性材料：稀土元素在磁性材料中的应用非常广泛，而磁性材料又是电子通信领域的关键组成部分。稀土永磁材料，如钕铁硼磁铁，具有高矫顽力、高剩磁和高磁能积等优异性能，被广泛应用于制造电机、传感器、硬盘驱动器等电子通信器件。此外，稀土元素还可以用于制造软磁材料，如镍锌铁氧体，这些材料在高频通信、电磁屏蔽等方面有着重要应用。

发光材料：稀土元素在发光材料中的应用也是电子通信领域的一个重要方面。稀土发光材料具有高效、高亮度和长寿命等优点，被广泛应用于制造显示器、照明设备、荧光灯等电子通信产品。这些发光材料在提高通信设备的显示效果和照明质量方面发挥着重要作用。

微波器件：稀土元素还可以用于制造微波器件，如稀土铁氧体微波器件。这些器件在微波通信、雷达、卫星通信等领域有着广泛应用，对于提高通信系统的性能和稳定性具有重要作用。

（4）航天军工领域。稀土在航天军工领域的应用也非常重要，特别是在导弹、卫星、飞机等军事装备中。稀土元素可以用于制造高性能的永磁材料、储氢材料、发光材料等，这些材料能够提高航天和军工装备的性能和可靠性。

航天推进系统：稀土元素在航天推进系统中发挥着关键作用。稀土磁体用于制造高效的电动推进系统，提供航天器的姿态控制和动力。稀土催化剂在火箭发动机中用于提高燃烧效率和推力。

高性能材料：稀土元素在航天和军工领域中用于制造高性能材料。稀土合金和复合材料具有高强度、高温稳定性和耐腐蚀性，用于制造航天器的结构部件、发动机零件和导弹外壳等。

光学和激光技术：稀土元素在光学和激光技术中发挥着重要作用。稀土玻璃和晶体用于制造光学仪器、激光器和红外传感器等。稀土离子被用作激活剂，实现激光器的发光和频率转换。

通信和导航系统：稀土元素在通信和导航系统中的应用也很广泛。稀土磁体用于制造精密的指南针和惯性导航系统。稀土永磁材料用于制造高性能的电磁波吸收材料，提高通信和雷达系统的性能。

电子设备和传感器：稀土元素在电子设备和传感器领域也有重要应用。稀土磁体用于制造高性能的磁存储器件和传感器。稀土材料和化合物用于制造高频电子器件、红外探测器和放大器等。

（5）石油化工领域。稀土在石油化工领域的应用也非常广泛，特别是在催化剂、合成橡胶、塑料等领域，稀土资源在石油化工领域的应用有助于提高生产效率、降低环境污染和改善产品性能。

催化剂：稀土元素在石油化工中的催化剂应用非常广泛。稀土催化剂常用于催化重油加氢、催化裂化和催化重整等过程。它们能够提高反应效率、增加产物选择性，并延长催化剂的寿命。

脱硫剂：稀土元素也用于石油炼制过程中的脱硫处理。稀土元素可以与硫化物形成稀土硫化物，从而去除石油中的硫化物。稀土脱硫剂具有高效、选择性和耐久性的特点。

增溶剂：稀土元素在石油开采和提炼过程中用作增溶剂。稀土元素可以与石油中的沥青质和重质组分形成可溶性络合物，提高石油的流动性和可采集性。

阻垢剂：稀土元素在石油化工中还用作阻垢剂。稀土阻垢剂可以阻止石油设备中的钙、镁和铁等离子与硬水中的碳酸盐结合形成的垢层。它们能够保持设备的高效运行和延长使用寿命。

阻燃剂：稀土元素在石油化工中的阻燃剂应用也比较常见。稀土化合物可以添加到塑料、橡胶和涂料等材料中，提高其阻燃性能，降低火灾风险。

2 稀土产业政策演进与实施效果评估

2.1 稀土产业政策分析

近三十多年以来，国家陆续出台了多项产业政策措施，旨在利用政策的有效实施，对稀土资源有序开发、减少环境污染、治理矿山环境和恢复自然生态产生积极的影响。稀土产业政策研究主要包括出口管制、定价权问题、资源管理、财税政策等。本书对稀土产业政策进行了系统梳理，将稀土产业政策体系分为生产管理政策、税费征收政策、行业发展政策及其出口贸易政策。

2.1.1 生产管理政策

（1）开采总量控制。2000年，我国开始对稀土实施严格开采配额制度，对稀土矿实行开采总量控制管理。原国土资源部自2006年起对稀土矿实行开采总量控制管理，目标是保障稀土可持续供应能力、调节市场供需形式。每年控制指标由原国土资源部根据国家矿产资源规划和产业政策，结合市场供求、矿产资源潜力、采矿权设置、产能产量、资源保障能力等因素确定。

（2）指令性生产计划。为有效保护和合理利用稀土资源，保护生态环境，规范稀土生产经营活动，促进稀土行业持续健康发展，工业和信息化部于2012年6月制定了《稀土指令性生产计划管理暂行办法》。2007年起稀土生产计划由指导性转为指令性，产量不断下降，直至2012年起低于指令性计划指标。

（3）生产秩序整治。对于稀土资源盲目开采造成浪费，扰乱生产秩序等问题，政府发布了保护性特定矿种的开采办法，实行开采统一规划和综合利用的政策。2006年4月停止发放稀土矿开采许可证。2011年1月，原国土资源部公布了首批11个稀土矿产国家规划矿区，未经国家批准不得开采。2011年7月，工业和信息化部下发《关于开展全国稀土生产秩序专项整治活动的通知》，全面开展稀土开发秩序专项整治活动，集中打击违法违规和乱采滥挖行为。2018年相关部门发布《关于持续加强稀土行业秩序整顿的通知》，明确提出做好稀土有序开采工作。

（4）资源综合利用。为促进矿产资源节约与综合利用，加快转变资源利用方式和矿业发展方式，原国土资源部2014年印发了《矿产资源节约与综合利用鼓励、限制和淘汰技术目录》，规定了国家淘汰和限制使用的工艺及设备，并要求新建矿产资源开发项目不得采用限制类和淘汰类技术。从2014年下半年起，工业和信息化部会同有关部门将稀土资源回收利用纳入计划管理，规范稀土资源回收利用项目管理。

2.1.2 税费征收政策

（1）资源税。在矿产开采环节，组织实施资源税改革，将矿产资源补偿费并入资源税，2015年5月起，稀土的矿产资源补偿费费率降为零，稀土资源税由从量计征改为从价计征，按稀土精矿销售额和适用税率征税。资源税实行从价计征，能在最大限度上发挥资源税促进资源节约集约利用和生态环境保护的功能作用，将对加快稀土行业建立完善规范公平、调控合理、征管高效的资源税制产生深远影响。

（2）矿山地质环境治理恢复基金。2017年11月，财政部、原国土资源部、原环境保护部共同发布《关于取消矿山地质环境治理恢复保证金 建立矿山地质环境治理恢复基金的指导意见》，明确取消保证金制度，以基金的方式筹集治理恢复资金。基金由企业自主使用，根据其矿山地质环境保护与土地复垦方案确定的经费预算、工程实施计划、进度安排等，专项用于因矿产资源勘查开采活动造成的矿区地面塌陷、崩塌、滑坡、地形地貌景观破坏、地表植被损毁预防和修复治理等方面。

（3）环保税。2017年12月25日，国务院公布《中华人民共和国环境保护税法实施条例》，自2018年1月1日起与《环境保护税法》同步施行。我国开征环保税，停止征收排污费，各省确定本地区应税大气污染物和水污染物的具体适用税额，按规定发布污染物排放量核算办法。环保税按排放量征收，多排多缴，少排少缴，有利于促进企业提升环保水平，减少污染物排放量。

（4）环境补偿性收费（森林植被恢复费、水土保持费、水土流失防治费）。森林植被恢复费是按照恢复不少于被占用林地面积的植被所需要的费用核定，用于林业部门组织的恢复森林植被和植树造林。为防治在生产建设活动中造成新的人为水土流失，改善生态环境，我国各省相应出台了水土保持设施补偿费、水土流失防治费实施管理办法。

2.1.3 行业发展政策

（1）产业准入。2012年国务院制定了《稀土行业准入条件》，对稀土采选、冶炼分离项目的设立、开采工艺、能源消耗、资源综合利用等方面做出具体规定，定期公告符合环保要求的企业名单，逐渐淘汰落后产能。2016年更新了部分标准，对稀土冶炼分离企业的生产规模和设备、环境保护、生产技术经济指标、资源和能源消耗指标提出了更高的要求。

（2）环境保护。为了实现矿产资源开发与生态环境保护协调发展，提高矿产资源开发利用效率，避免和减少矿区生态环境破坏和污染，2005 年原国家环保总局颁布了《矿山生态环境保护与污染防治技术政策》。2011 年发布《稀土工业污染物排放标准》，规定了稀土生产水污染物和大气污染物排放限值，对保护环境、防治污染、节能减排、调整产业结构、优化生产工艺具有重要作用，同时对进一步保护国家稀土战略资源具有战略意义。2014 年工业和信息化部组织编制了稀土行业清洁生产技术推行方案，要把实施清洁生产技术改造作为提升企业技术水平和核心竞争力、实现清洁发展的根本途径。

（3）规划发展。2011 年 5 月，国务院发布《关于促进稀土行业持续健康发展的若干意见》，要求建立健全行业监管体系，加强和改善行业管理；依法开展稀土专项整治，加快稀土行业整合，调整优化产业结构；加强稀土资源储备，大力发展稀土应用产业；加强组织领导，营造良好的发展环境。2016 年，工业和信息化部制定了《稀土行业发展规划（2016~2020 年）》，从战略高度调控中国稀土产业，推动集约化发展、绿色化与智能化转型、加强国际合作、打造新价值链等。

2.1.4 出口贸易政策

（1）出口配额。1998 年，我国开始实施稀土产品出口配额政策，并把稀土原料列入加工贸易禁止类商品目录。2004 年国家发展改革委正式制定限制稀土产品出口的政策，即《稀土产品出口目录》。2008 年国家首次对配额数量进行了大幅调整，稀土配额制度的效果开始显现。对于轻重稀土的不同储量和需求量，自 2012 年起，中国开始实行按照轻重稀土分类管理的制度，中重稀土配额数量仅为轻稀土配额数量的五分之一。目前绝大部分稀土初级产品被禁止出口，同样的对稀土终端废弃产品也实施了禁止出口的政策。

（2）关税政策。1985 年实行出口退税政策，以鼓励稀土出口。但这种退税政策随着国内稀土产能过剩以及资源量的急剧下降等问题的出现，政府开始降低退税率，到 2005 年，开始取消稀土金属、稀土氧化物、稀土盐类等产品的出口退税。2006 年 10 月，国务院关税税则委员会发布《关于调整部分商品进出口暂定税率的通知》，开始对稀土金属矿、稀土化合物等加征出口暂定关税，税率为 10%。2007 年，将稀土等金属原矿的出口关税由 10% 提高至 15%。2011 年，提高个别稀土产品出口关税。

（3）出口企业资质管理。稀土出口企业在 2005 年之前，是无须认证的，也没有任何对出口的限制。从 2006 年起，通过资质认证削减内资稀土出口企业的数量，这样的政策一直延续到 2011 年，从 2012 年开始国家对稀土出口企业增强了对环保和出口业绩的审核，条件约束力较之前更强。

2.2 稀土产业政策演进研究

2.2.1 引言

稀土是重要的战略资源，广泛应用于新能源、新材料、国防、航天航空等高新技术产业。我国是全球稀土资源最丰富的国家，稀土产业是国家大力发展的战略产业，从资源保护、行业管理、技术研发等方面给予了前所未有的重视和政策支持。20 世纪 90 年代以来，政府出台了一系列相关政策和措施，科学、有效的政策研究对于把握稀土政策的整体框架和发展趋势具有重要的意义。

关于稀土政策的研究文献主要涵盖稀土产业政策的述评及具体某类政策的影响分析，研究的内容和种类相对较少，聚焦点主要在稀土政策的理论分析、实施效果及发展取向等方面。如部分学者从定价权问题、出口管制、产业重组等专项政策层面研究其实施效果；也有学者探讨了政策对中国稀土产业的影响以及可能的政策取向。然而，鲜有文献对稀土政策演进的特点和趋势进行分析。关于政策演进的研究，学者们大多采用政策量化方法，包括主题词与网络图谱、共词分析、政策量化打分和社会网络分析、多维视角分析。

综上，围绕中国稀土产业政策的研究目前主要从宏观角度进行梳理或从经济领域分析政策的影响，偏重于对政策内容进行描述性分析，缺少从政策文本量化视角研究稀土产业政策的演进。基于此，本书运用共词分析、聚类分析及社会语义网络分析方法对 1991～2021 年国家颁布的稀土产业政策文本进行量化分析，客观、有效地分析政策的发展规律和内在联系，将稀土产业政策的演进划分为三个阶段，通过比较分析三个阶段稀土政策的主题，研究中国稀土产业政策演进过程，为完善政策理论体系提供一定的参考。

2.2.2 研究对象与方法

本书以国家层面颁布的稀土政策为研究对象，对涉及稀土产业发展规划、管理体制改革、市场准入管理等政策进行分析。为了确保所选取政策文本的有效性和准确性，政策文本主要源于自然资源部、工业和信息化部等政府机构官方网站和万方数据库。政策文本筛选的原则为：（1）发文单位为国务院及其直属部门机构；（2）政策类型为法规、方案、规划、通知、意见和公告等规范性公文；（3）所选取的政策文本内容均与稀土密切相关，在正文中明确提及"稀土矿产""稀土生产""稀土产品"等内容。最终选择并整理出 1991～2021 年中央政府及相关主管部门发布的 35 份政策文本。

由于政策文本的内容具有覆盖面广、非量化的特点，传统人工编码的研究方法不能满足文本分析的需求，难以保证提取内容主题框架的信度和效度，本书选择 ROST CM6 及 SPSS19.0 软件作为文本分析工具。首先初步划分稀土产业政策演进的阶段，从文本计量角度进行政策类型分析，然后统计文本词频确定出政策主题词，在建立共词矩阵的基础上运用软件做分层聚类分析和语义网络分析，进而探讨各个阶段稀土产业政策的特征和管理方向，通过比较主题词的词频变化深入分析中国稀土产业政策的演进过程和变化趋势。

2.2.3 稀土产业政策文本分析

2.2.3.1 政策演进阶段划分

2011 年，国务院出台了《国务院关于促进稀土行业持续健康发展的若干意见》，明确了稀土行业发展的指导思想和基本原则；2016 年，国家为科学指导稀土行业发展编制了《稀土行业发展规划（2016~2020 年）》。由此，本书依据稀土产业政策的发展历程及关键性政策，将 1991~2021 年稀土产业政策演进过程初步划分为三个阶段，三个阶段的稀土产业政策文本如表 2-1 所示。

表 2-1　稀土产业政策文本列表

阶段	政策文本
规划保护阶段 （1991~2010 年）	关于将钨、锡、锑、离子型稀土矿产列为国家实行保护性开采特定矿种的通知【国发［1991］5 号】 关于印发开采、冶炼、加工钨、锡、锑、离子型稀土矿产审批规定的通知【国发［1991］149 号】 关于对稀土等八种矿产暂停颁发采矿许可证的通知【国土资［1999］104 号】 2006 年稀土出口企业资质标准和申报程序【商务部［2005］91 号】 严控稀土等高耗能、资源性产品出口的通知【发改经贸［2005］第 2595 号】 关于下达 2006 年钨矿和稀土矿开采总量控制指标的通知【国土资发［2006］63 号】 关于调整钨和稀土矿勘查许可证采矿许可证登记权限有关问题的通知【国土资发［2007］92 号】 关于开展全国稀土等矿产开发秩序专项整治行动的通知【国土资发［2010］68 号】
深化改革阶段 （2011~2015 年）	关于发布国家污染物排放标准《稀土工业污染物排放标准》的公告【环境保护部［2011］5 号】 关于开展稀土企业环保核查工作的通知【环办函［2011］362 号】 国务院关于促进稀土行业持续健康发展的若干意见【国发［2011］12 号】 关于贯彻落实《国务院关于促进稀土行业持续健康发展的若干意见》的通知【国土资发［2011］105 号】 关于 2012 年稀土出口配额申报条件和申报程序的公告【商务部［2011］77 号】 稀土指令性生产计划管理暂行办法【工信部［2012］285 号】 稀土企业准入公告管理暂行办法【工信部原［2012］377 号】 稀土行业准入条件【工信部［2012］33 号】

续表 2-1

阶段	政策文本
深化改革阶段 (2011~2015 年)	关于加快推进重点行业企业兼并重组的指导意见【工信部［2013］16 号】 关于清理规范稀土资源回收利用项目的通知【工信部函［2014］239 号】 打击稀土违法违规行为专项行动方案【工信部函［2014］443 号】 关于做好 2014 年稀土产业调整升级专项资金项目申报工作的通知【工信厅联原函［2014］86 号】 关于印发稀土行业清洁生产技术推行方案的通知【工信部节［2014］62 号】 国家物联网发展及稀土产业补助资金管理办法【财企［2014］87 号】 关于整顿以"资源综合利用"为名加工稀土矿产品违法违规行为的通知【工信厅函［2015］738 号】 关于实施稀土、钨、钼资源税从价计征改革的通知【财税［2015］52 号】 关于清理涉及稀土、钨、钼收费基金有关问题的通知【财税［2015］53 号】 关于规范稀土矿钨矿探矿权采矿权审批管理的通知【国土资规［2015］9 号】
战略发展阶段 (2016~2021 年)	稀土行业规范条件(2016 年本)【工信部［2016］31 号】 稀土行业发展规划（2016~2020 年）【工信部规［2016］319 号】 国务院关于印发矿产资源权益金制度改革方案的通知【国发［2017］29 号】 关于取消矿山地质环境治理恢复保证金 建立矿山地质环境治理恢复基金的指导意见【财建［2017］638 号】 关于进一步规范稀土矿钨矿矿业权审批管理的通知【自然资规［2018］6 号】 十二部门关于持续加强稀土行业秩序整顿的通知【工信部联［2018］265 号】 国家税务总局关于稀土企业等汉字防伪项目企业开具增值税发票有关问题的公告【国税总局［2019］13 号】 自然资源部关于推进矿产资源管理改革若干事项的意见（试行）【自然资规［2019］7 号】 稀土管理条例（征求意见稿）【工信部 2021 年 1 月 15 日】

（1）规划保护阶段（1991~2010 年）。20 世纪 90 年代以来，稀土工业迅速发展，稀土的国内外需求快速增长。1991~2010 年，世界稀土矿产量由 1991 年的 4.17 万吨上升到 2010 年的 13.3 万吨，国内消费量由 0.83 万吨增加到 8.7 万吨。随着大量资本的进入，导致稀土产业规模盲目扩张，稀土生产处于过度竞争状态，中国稀土储量从 1995 年的 4300 万吨下降到 2004 年的 2700 万吨。在出口市场上，稀土产品出口均价从 1991 年的 1.25 万美元/t 下降到 2004 年的 0.93 万美元/t。虽然中国稀土出口数量占据国际市场主导地位，但产品附加值低及稀土定价权的缺失使出口价格偏离了稀土本身的价值。因此，中国政府在规范稀土的开采、生产和出口等方面出台政策，政策的着眼点在于规划与控制，主要目标是合理开发和利用国家的稀土资源。

1991 年以来，国家相继出台了开采许可、总量控制及出口配额管理等一系列政策，稀土产量高速增长的趋势得以逐步扭转，缓解了供过于求的状态。

2004~2010年，稀土出口配额由6.56万吨减少至3.03万吨，下降了53.8%，出口配额的大幅减少使出口数量减少，同时出口价格逐步提升。该阶段，国家实施的调控政策取得了一定的效果，限制产量和出口，防止稀土过度开采，进而保护了稀土资源。

（2）深化改革阶段（2011~2015年）。长期以来，稀土非法开采和走私严重，同时资源浪费和环境污染问题也日益严重。2001年稀土价格暴涨，国外海关统计的从中国进口的稀土数量是中国海关统计的出口数量的1.2倍。据《中国稀土学会年鉴2014》统计，2013年中国稀土冶炼"三废"带来的环境污染治理成本为28729.4万元。2011年国务院发布了《国务院关于促进稀土行业持续健康发展的若干意见》，在此背景下，第二阶段的政策聚焦于改革管理制度，依法开展稀土专项整治，规范稀土生产经营及促进产业结构调整。

中国稀土生产企业过于分散不利于规模化经营。工业和信息化部颁发的《稀土行业准入条件》促进了稀土产业整合，内蒙古35家稀土上游企业在2011年开始进行重组。2013年，赣州稀土矿山整合项目（一期）将龙南、定南两县的47个稀土矿山整合为14个。稀土产业结构调整和战略布局提高了产业集中度，促进了稀土行业持续健康发展。《稀土工业污染物排放标准》、资源税、稀土专项整治和环保核查等政策的出台增加了企业的生产成本，间接地提高了稀土行业准入条件。这些政策的实施在规范行业生产秩序、打击违法违规行为、优化产业结构及环境污染治理等方面取得了积极进展。

（3）战略发展阶段（2016~2021年）。进入第三阶段，新一代信息技术、节能及新能源汽车等产业的发展对稀土产品的保障能力和质量性能提出了更高要求，特别是永磁材料、催化材料和抛光材料等稀土下游应用的消费量不断增长。中国稀土产业的优势集中在中上游，稀土分离技术居世界领先地位，然而稀土产业链后端发展乏力、高端应用技术落后、产品创新能力不足、缺乏国际竞争力。目前我国经济由高速增长阶段转向高质量发展阶段，因此，第三阶段的政策致力于行业高质量发展，推动稀土产业整体迈入中高端。

《稀土行业发展规划（2016~2020年）》将加强资源管理和生态保护，完善行业创新体系列为重点任务，政府在稀土打黑、行业整顿和战略储备等方面进行了改革，对稀土生产的管控效果明显。2018年全国稀土采选和分离冶炼指标全部分配至国内六大稀土集团，生产配额得到有效执行。此外，政府加快推进技术创新平台的建设，重点攻克高端稀土功能材料设计、加工、制造一体化等技术，不断增强产业创新能力。

2.2.3.2 政策类型分析

A 产业政策分类

本书以政策发挥的作用不同，将稀土政策分为资源保护、规范管理和规划发展政策。资源保护政策的目标是防止稀土过度开采，有效管控出口贸易，促进资源有序开发；规范管理政策的目标是规范稀土生产及经营秩序，调整产业结构，保护生态环境；规划发展政策的目标是规划产业的战略发展方向，科学指导稀土行业持续健康发展。统计三个阶段的政策数量（见表 2-2）可知，规划保护阶段的政策数量为 8 个，其中资源保护政策 5 个；深化改革阶段的政策数量为 18 个，其中规范管理政策 13 个；战略发展阶段的政策数量为 9 个，其中规划发展政策 5 个。各个阶段中数量较多的政策类型可以体现出政府对稀土产业的管理方向。

表 2-2　稀土政策分类统计表　　　　　　　（个）

政策阶段	资源保护政策	规范管理政策	规划发展政策	总计
规划保护阶段（1991~2010 年）	5	2	1	8
深化改革阶段（2011~2015 年）	2	13	3	18
战略发展阶段（2016~2019 年）	1	3	5	9
总　　计	8	18	9	35

　　B　政策文本类型

根据表 2-1，稀土政策文本主要有"部门规章""规划计划""公告""通知"和"意见"等 5 种类型，统计各类型文本数量（见图 2-1）可知，1991 年以来国家层面颁发的各项政策以通知为主要发文形式，引导各地方政府按要求执行政策内容。

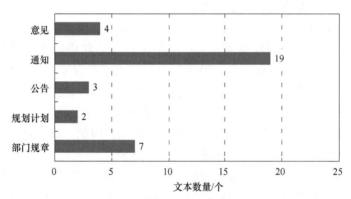

图 2-1　稀土政策文本类型

2.2.3.3　政策主题分析

　　A　共词分析

本书将筛选的 35 份政策文本内容进行分词和频数统计，删除对研究无意义的词语，例如，"其他""名目""含义"等，整理得到 1023 个主题词。依据高频低频词分界标准 $N = \sqrt{D}$（N 是指高频词个数；D 是指不同的主题词个数），计算出高频词数 32 个，高频主题词见表 2-3。

表 2-3 高频主题词统计表

序号	关键词	词频	序号	关键词	词频
1	稀土	1530	17	开发	196
2	企业	784	18	矿产	178
3	资源	413	19	出口	169
4	开采	341	20	利用	162
5	部门	340	21	保护	151
6	环境	273	22	加强	145
7	管理	272	23	规定	144
8	发展	234	24	主管	142
9	项目	230	25	应用	140
10	材料	222	26	信息化	127
11	技术	222	27	条件	123
12	国家	221	28	标准	121
13	冶炼	220	29	环保	114
14	工业	211	30	控制	112
15	分离	200	31	建设	105
16	矿山	197	32	申请	100

利用 SPSS 软件将 32 个高频主题词构建为 32×32 的共词矩阵，共词矩阵的部分如表 2-4 所示。矩阵对角线上的数字表示每个高频词在文献中出现的总次数，其他区域数字表示高频词两两出现的频次，"稀土"和"企业"的共现频次最高，为 274 次。

表 2-4 主题词共词矩阵（部分）

主题词	企业	资源	开采	部门	环境
稀土	274	172	163	123	152
企业	784	103	81	130	113
资源	103	413	95	67	86
开采	81	95	341	0	65
部门	130	67	0	340	69
环境	113	86	65	69	273
管理	74	70	0	0	0
分离	106	0	54	0	0
项目	59	0	0	0	0

B 聚类分析

对 32 个高频主题词中距离较近和概念属性相似的关键词进行分类聚集，得到分层聚类图（见图 2-2），聚类结果分为四个群组，分别为：市场调节方向、产业规制方式、产业发展模式和政策管理主体。政策的着力点覆盖了市场调控、生产管理、法规制度和组织管理等多层次的政策体系内容，说明稀土产业可持续发展受到政府部门的高度重视。根据四个群组中主题词的词数和词频，可以发现稀土产业政策关注的热点。由分类统计结果（见表 2-5）可知，产业发展模式群组中的词数和词频数量最高，词频占比达到 63.88%，说明稀土产业政策关注的热点在产业发展领域。

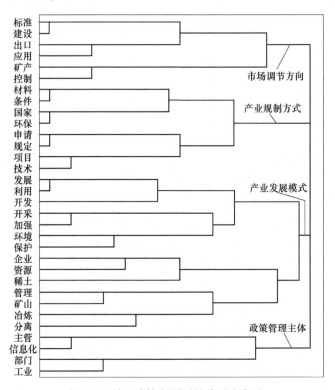

图 2-2 稀土政策主题词的分层聚类图

表 2-5 聚类词频统计表

聚类类型	词数/个	词频/次	词数占比/%	词频占比/%
市场调节方向	6	825	18.75	10.14
产业规制方式	8	1376	25.00	16.91
产业发展模式	14	5118	43.75	62.88
政策管理主体	4	820	12.50	10.07

2.2.4 稀土产业政策演进分析

2.2.4.1 政策阶段主题词

根据表 2-1 中三个阶段的政策文本，分别统计出各阶段的高频词及词频（见表 2-6），三个阶段主题词累计词频占总累计词频的比例分别为 33%、28% 和 31%，均超过知识图谱中规定的 27%，满足分析的标准，可以反映出各个阶段的主题内容。

表 2-6　三个阶段政策高频词及词频数统计表

规划保护阶段		深化改革阶段		战略发展阶段	
主题词	词频数	主题词	词频数	主题词	词频数
稀土	101	稀土	762	稀土	667
企业	96	企业	467	企业	221
出口	57	资源	198	资源	171
矿产	55	部门	177	材料	132
开采	51	环境	169	开采	127
矿山	50	项目	167	部门	117
部门	46	开采	163	管理	111
资源	44	发展	141	分离	105
规定	37	管理	138	冶炼	101
国家	36	工业	136	环境	91
许可证	33	技术	125	发展	91
通知	31	国家	111	技术	90
国务院	31	开发	108	矿山	87
控制	29	冶炼	104	矿产	83
主管	25	环保	93	利用	81
离子	24	出口	92	开发	78
管理	23	重组	91	国家	74
批准	22	保护	89	应用	74
领导	22	分离	86	规范	66
审批	21	兼并	84	主管	66
指标	18	信息化	82	工业	65
总量	17	材料	81	项目	63
冶炼	15	利用	80	加强	52
办理	14	加强	80	保护	51

规划保护阶段		深化改革阶段		战略发展阶段	
加强	13	资金	76	条件	51
标准	13	主管	70	规定	49
环境	13	标准	68	综合	46
登记	13	中国	68	控制	46
资质	12	申请	65	信息化	45
海关	12	依法	63	建设	45
整顿	11	条件	63	治理	43
申请	11	计划	62	实现	43

从三个阶段主题词分析来看：（1）规划保护阶段（1991~2010年），国家出台多项资源保护政策，主题词中频次较高的词有"出口""开采""许可证""控制""指标"等，说明从国家层面明确对特定矿种实行保护性开采，政策措施侧重于矿产开采的审批许可及总量控制管理；（2）深化改革阶段（2011~2015年），规范管理类政策数量明显增多，主题词中的"工业""环境""项目""发展""管理"等词的出现，说明国家开始加强稀土行业管理，关注稀土产业结构调整和绿色发展；（3）战略发展阶段（2016~2021年），主题词中频次较高的词有"材料""分离""开发"和"应用"，体现了国家政策推动稀土产业集约化和高端化发展，并注重稀土材料的应用。不同阶段的高频词反映出政策主题的变化，同时也印证了初步划分的三个阶段。

2.2.4.2　语义网络分析

语义网络主要分析主题词之间的相互关系，能够更加系统地展现政策文件所突出的重点。网络图谱中靠近中心的密集词汇为核心词，两词之间的连线距离反映了两个主题词的紧密程度。将三个阶段的文本内容进行语义网络分析，使用Net-Draw工具模块得出社会语义网络图。

（1）规划保护阶段（1991~2010年）。从规划保护阶段语义网络图（见图2-3）来看，"稀土"作为中心词与绝大部分主题词都有连接，"开采""矿产""企业""矿山"等核心词说明了政府对稀土矿山开采控制与管理的关注。与稀土开采有关的"采矿许可""总量控制"等措施成为政府有效保护和利用稀土资源的重要手段。

（2）深化改革阶段（2011~2015年）。从深化改革阶段语义网络图（见图2-4）来看，该阶段政策数量大幅增加，网络结构更加复杂化，词频之间的聚合度也有一定提高。核心词里增加了"发展""环境""保护""管理"等；在网络外围，有的词呈现单向关系，比如"违规""省级"。总的来看，在深化改革阶段中出

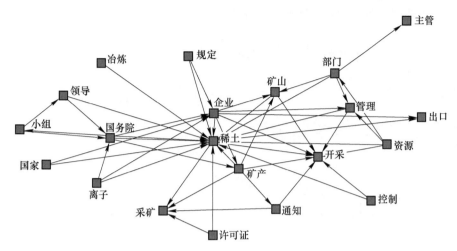

图 2-3 规划保护阶段（1991~2010 年）语义网络图

现"企业重组""生态环境"等概念，反映了政府不断加强对稀土行业的监督管理，以企业准入、环保核查、打击违法行为为主要的改革措施。

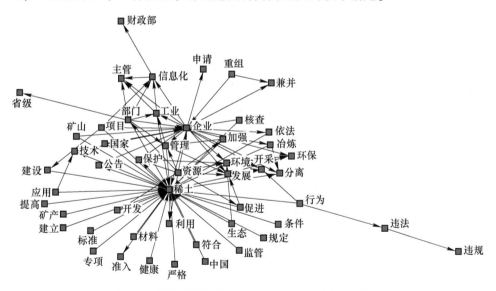

图 2-4 深化改革阶段（2011~2015 年）语义网络图

（3）战略发展阶段（2016~2021 年）。从战略发展阶段语义网络图（见图 2-5）来看，"分离""冶炼""开发"在语义图出现并靠近中心位置；在网络外围，"规范""应用"等词都有分布，"矿产""主管"则被边缘化，表明了该阶段国家对于稀土材料应用的重视。虽然政策数量相对深化改革阶段更少，但关键词之间连接紧密，呈现向中心靠拢的状态，聚合度较高，体现出政策以体系化发展为主，产业转型升级与创新发展成为关注点。

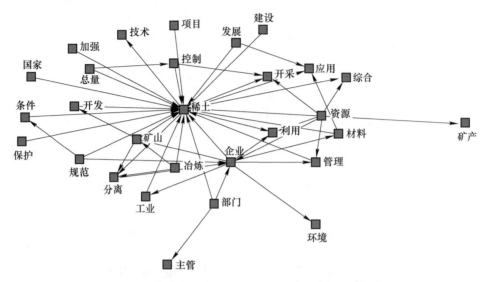

图 2-5 战略发展阶段（2016~2021 年）语义网络图

2.2.4.3 政策演进过程

稀土政策的演进过程通过主题词在政策文本中出现频率的代际变化来反映，词语的频率为出现频数占相应文本总词频数的比重。根据表 2-6，分析三个阶段主题词的频率变化，从每个阶段中选出频率变化最大的两个主题词，六个词语频率变化折线图（见图 2-6）可以发现：（1）规划保护阶段（1991~2010 年）的主

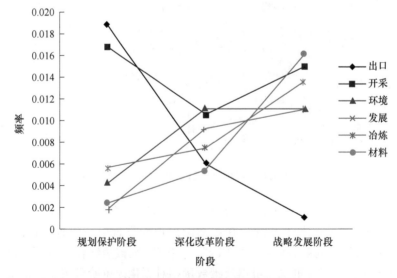

图 2-6 三个阶段主题词频率变化图

题词是"出口"和"开采",从规划保护阶段到深化改革阶段两个主题词的词频出现明显下降,战略发展阶段"出口"的词频仍然下降,"开采"的词频有所上升;(2)深化改革阶段(2011~2015年)的主题词是"环境"和"发展",从规划保护阶段到深化改革阶段两个主题词的词频有明显上升,在战略发展阶段保持在一定水平;(3)战略发展阶段(2016~2021年)的主题词是"冶炼"和"材料",随着阶段的发展,两个词的词频不断在上升。这种词频变化体现出稀土政策的演进过程,政策关注的重点从产业链上游逐步转移到中下游,为了满足稀土行业转型升级、高质量发展的需求,政策强调创新与发展,引导产业整体步入中高端发展阶段。

2.2.5 结论

稀土产业的可持续发展离不开稀土政策的宏观调控和保障支持,从2011年国务院出台《关于促进稀土行业持续健康发展的若干意见》以来,国家层面的产业政策引导并调节稀土产业的发展方向和重心。本书通过词频统计、共词矩阵、聚类分析及语义网络分析方法,对稀土产业政策的文本内容和演进过程进行研究,主要结论如下:

(1)稀土产业政策划分为三个阶段:1)规划保护阶段(1991~2010年),通过对矿产开采进行审批与总量控制保护稀土资源;2)深化改革阶段(2011~2015年),通过规范监督企业生产经营活动发展稀土产业;3)战略发展阶段(2016~2021年),通过开发稀土产品先进生产技术提升稀土应用价值。

(2)分析政策主题发现政策体系化建设逐步趋于完善,形成了市场调节方向、产业规制方式、产业发展模式和政策管理主体等四类主题。

(3)比较三个阶段政策文本主题词的词频变化,得出每个阶段的政策思路不同,稀土材料的技术开发与创新应用成为政策热点。

当前,全球稀土供给呈现多元化格局,产业链重构步伐加快,面对复杂的国际竞争环境,中国稀土行业需要构思资源战略布局,促进产业转型升级,并通过技术创新驱动绿色发展。因此,本书对未来政策的调整方向提出以下建议:一是调整稀土技术创新战略,重视高端应用技术开发及专利布局,构建产学研创新合作网络,以提升稀土产业的竞争力;二是规范稀土生产秩序,通过制度设计更好地执行稀土生产计划指标和污染排放标准,加强对非法生产和走私链的打击力度,进一步完善资源税费政策,以引导行业健康发展;三是优化稀土资源开发利用,结合轻重稀土资源的不同战略地位、全球资源布局和市场需求等谋划资源开发战略,制定战略储备规划及海外稀土资源投资并购政策。

2.3 稀土开采总量控制政策效应评估

2.3.1 引言

稀土属于国家的优势矿产资源，改革开放以来，稀土开采、冶炼和应用技术稳步发展，产业规模不断扩大，不仅满足了国内经济社会发展的需要，而且为全球提供了超过 90% 以上的稀土需求。但经过半个多世纪的超强度开采，中国稀土资源的保有储量和保障年限不断下降，主要矿区资源加速衰竭。1991 年，离子型稀土矿产被列入国家保护性开采的特定矿种，政府开始对稀土资源开发与生产进行管制。2006 年以前，我国以审批和颁发采矿许可证为手段治理矿业开发秩序，缺乏对资源开发的合理规划与管理，政策效果并不显著，仍然存在资源过度开采、回收率较低、非法开采等问题，资源环境破坏比较严重。2006 年政府开始实施开采总量控制政策，2012 年又规范了指令性生产计划指标的分配方案。

在政策效果评价的定量研究方面，学者们通过构建各类模型对政策的实施效果进行实证分析。如何欢浪和陈琳通过构建博弈模型，研究了政府征收稀土资源税的不同方式对企业税负转移的影响。王玉珍运用计量经济分析工具和方法，分析了我国所采取的阶段性稀土产业政策效果。高艺和廖秋敏将稀土企业排污费强度作为环境规制指标引入异质性企业贸易模型，研究了稀土企业排污费强度对出口的影响。许庆庆通过构建系统动力学模型仿真资源环境政策对我国稀土产业可持续发展的影响。关于我国稀土产业政策实施效果的定量研究，文献中鲜有涉及。本书基于 1995~2022 年数据对 2006 年和 2012 年出台的两项稀土产业效应进行评价，检验政策实施的效果，可以为我国制定和完善稀土产业政策提供参考依据。

2.3.2 政策影响分析

离子型稀土矿于 1991 年被列入国家行政保护性开采的特定矿种，国家开始对稀土资源开发与生产进行管制。2005 年，国务院颁布了《国务院关于全面整顿和规范矿产资源开发秩序的通知》，表明国家对优势矿产资源的重视程度不断提高。在此背景下，2006 年起国家陆续出台并实施多项稀土政策，将开采控制政策划分为以下三个阶段：

第一阶段（1991~2005 年），以开采许可及出口配额管制为主导方向。通过实行勘查许可证、采矿许可证及出口配额许可证审批制等限制性开采政策来控制稀土产量及出口数量。政策出台的目标是保护战略性矿产资源，限制稀土原料和粗加工稀土产品的出口，力求解决国内稀土产业产能过剩及生态环境破坏等问题。

第二阶段（2006~2011年），以开采总量控制管理为主导方向。按照保护性开采特定矿种管理相关规定，原国土资源部自2006年起对稀土矿实行开采总量控制管理，每年将稀土矿开采总量控制指标分配下达到省级国土资源主管部门，同时还暂停受理勘查许可证、采矿许可证申请及出口退税，这些措施实际上是从稀土产业的上游开始对资源进行计划管理和保护。政策出台的目标是降低稀土资源开发强度，提高资源利用效率，有效保护和合理利用稀土资源以保障稀土的可持续供应。

第三阶段（2012~2022年），以指令性生产计划管理为主导方向。工业与信息化部于2012年6月制定了《稀土指令性生产计划管理暂行办法》，符合条件的生产企业需向省级工业主管部门申请计划，经工信部组织审查后每年度分两批下达生产计划。政策出台的目标是进一步规范稀土生产经营活动，对稀土市场的供应端产生一定的影响，达到有效调整稀土市场的供需形势，对稀土资源保护和合理利用具有重要的战略意义。

根据我国稀土产量指标在政策实施前后的变化情况来分析政策产生的影响，通过对比政府下达的总量控制指标与实际产量，直观判断政策实施的影响程度。

（1）稀土矿开采总量分析。我国产量控制政策实施三个阶段的稀土矿开采量变化轨迹如图2-7所示。

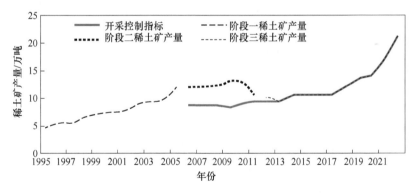

图 2-7　1995~2022年稀土矿开采控制指标与产量统计图

通过对比开采控制指标与各阶段产量可以发现：第一阶段，1995~2005年我国稀土矿产量呈持续增长态势，这个阶段的政策并未对稀土产量产生较大影响；第二阶段，2006年开始实施总量控制政策，受政策影响产量高速增长的趋势逐步得以扭转，但由于控制指标未能对矿山企业产生足够的约束力，产量仍然超过控制指标。2010年我国加强了对开采总量控制指标执行的监管，使产量有了明显下降；第三阶段政策实施后，2012~2022年由于市场需求增加开采总量控制指标有所上升，这个阶段政策对产量起到了一定的影响，自2013年起稀土矿产量与控制指标达到了一致。

（2）轻、中重稀土矿产品产量分析。2006~2022 年我国两类稀土矿产品产量
及开采控制指标变化如图 2-8 所示。从图 2-8 可以看出，轻稀土的产量与控制指
标的趋势是相似的，中重稀土矿产品产量在 2010 年以前远远超过开采控制指标，
2011 年起产量低于开采指标，近六年完全达到指标水平。说明政策对中重稀土
的控制影响更大，充分体现出中重稀土的战略地位。

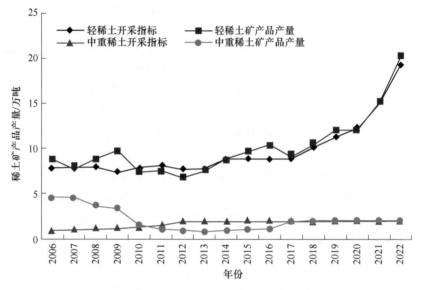

图 2-8   2006~2022 年稀土矿产品产量与开采指标统计图

2.3.3   政策效应评价

2.3.3.1   评价指标

考虑到开采控制政策所产生的直接效应及间接效应，本书选择稀土矿产量、
可采年限、稀土矿产品产量、稀土进口量及出口平均价格指标对政策效果进行衡
量。评价指标及说明见表 2-7。

表 2-7   政策效果评价指标说明

指标名称	指标说明	符号
稀土矿产量/万吨	每年稀土矿开采量（以 REO 计）	*mvo*
可采年限/年	稀土矿可采储量除以当年的产量计算	*yea*
稀土矿产品产量/万吨	每年稀土矿产品生产量（以 REO 计）	*mop*
稀土进口量/万吨	稀土原材料进口量（以自然吨位计）	*imp*
出口平均价格/万美元·t⁻¹	稀土产品出口额除以出口量	*pri*

2.3.3.2 模型设定

由于稀土开采控制政策体现出阶段性特征，本书以效果评价指标为因变量，建立多元回归模型，通过设立临界指标的虚拟变量来考察政策的阶段性效果。计量模型具体设定如下：

$$y_t = c + \alpha_1 t + \alpha_2 (t - t^*) Z_n + \varepsilon$$

$$Z_n = \begin{cases} 1 & t > t^* \\ 0 & t \leq t^* \end{cases}$$

式中，y_t 为政策效果评价指标；c 为常量；t 代表年份；Z_n 为产业政策虚拟变量；α_1 为待估参数，ε 为随机扰动项。本书重点是考察稀土产业政策实施效果，将时间和产业政策虚拟变量作为解释变量。根据稀土产业政策划分的三个阶段，考虑到政策实施的滞后性，设定 2006 年和 2012 年为虚拟变量的临界值 t^*。

2.3.3.3 数据来源

数据主要源于 CBC 金属网、《海关统计年鉴》及《稀土信息》，部分数据是通过原始数据计算得出的，所有指标数据的时间范围在 1995~2022 年，描述性统计如表 2-8 所示。

表 2-8 指标数据描述性统计

指标	样本数	均值	标准差	最大值	最小值
稀土矿产量/万吨	28	10.48	3.51	21.00	4.80
可采年限/年	28	445.64	195.53	896.00	209.00
稀土矿产品产量/万吨	28	10.19	3.72	21.00	4.80
稀土进口量/万吨	28	3.14	4.3	12.17	0.14
出口平均价格/万美元·t⁻¹	28	1.79	3.19	16.86	0.33

2.3.3.4 结果分析

利用上述模型和数据对我国稀土开采控制的政策效果进行计量检验，计量过程中对各绝对量指标均取自然对数处理，运用 OLS 方法得到的计量分析结果如表 2-9 所示。

表 2-9 政策效果回归结果

变量	ln*mvo*	ln*yea*	ln*mop*	ln*imp*	ln*pri*
c	−72.676***	133.648***	−86.120***	−443.707*	9.517
	(6.797)	(8.844)	(5.987)	(220.785)	(50.041)
t	0.039***	−0.065***	0.043***	0.226*	−0.003
	(0.003)	(0.004)	(0.003)	(0.110)	(0.025)

变量	ln*mvo*	ln*yea*	ln*mop*	ln*imp*	ln*pri*
$(t-t^*)\ Z_1$	−0. 060 ***	0. 146 ***	−0. 081 ***	−0. 361 **	0. 125 **
($t^* = 2006$)	(0. 008)	(0. 010)	(0. 007)	(0. 166)	(0. 059)
$(t-t^*)\ Z_2$	0. 045 ***	−0. 120 ***	0. 074 ***	0. 533 ***	−0. 182 ***
($t^* = 2012$)	(0. 008)	(0. 011)	(0. 007)	(0. 108)	(0. 062)
$Adj\text{-}R^2$	0. 906	0. 904	0. 938	0. 842	0. 300
F	87. 621 ***	86. 102 ***	136. 530 ***	38. 377 ***	4. 857 ***

注：*、**、*** 分别表示在 10%、5% 和 1% 的显著性水平下显著；括号中数据表示回归系数的标准误差。

从表 2-9 可以看出，2006 年开采控制政策对稀土矿产量、可采年限、稀土矿产品产量的影响在 1% 水平显著，对进口量和出口平均价格的影响在 5% 水平显著；2012 年开采控制政策对稀土矿产量、可采年限、稀土矿产品产量、出口平均价格和稀土进口量的影响在 1% 水平显著；R^2 除进口量和出口平均价格两个变量外，其余均大于 90%，表明模型变量间拟合程度比较高，具体结果分析如下：

（1）稀土矿开采量得到有效控制。1995~2006 年产业政策并没有对稀土生产和出口进行限制，稀土矿的开采量是以年均 3.9% 的速度递增。2006~2011 年开采总量控制政策的实施使其增长速度下降了 9.9%。由于市场对稀土的需求在不断增长，2012~2022 年开采总量控制指标有所增加，稀土矿开采量年均增长速度达到 4.5%，表明政策对稀土矿开采控制效果显著。

（2）稀土资源得到合理开发。从可采年限指标来看，1995~2006 年由于开采量增长较快，而储量有限，可采年限以 6.5% 的速度逐年下降。2006~2011 年政策实施期间可采年限指标以 14.6% 的速度增长，表明开采控制政策的实施避免了稀土的无序开采，保障了稀土资源可持续供应能力。2012~2022 年随着产量的增加，可采年限以 12% 的幅度减少，总体保持较稳定的状态。

（3）企业过度生产得到有效遏制。1995~2006 年稀土矿产品的产量以年均 4.3% 的速度增长。2006~2011 年实行的产量控制达到了良好效果，稀土矿产品生产量开始减少，且以年均 8.1% 的速度递减，表明稀土企业过度生产的局面基本得到控制。2012~2022 年开始实施指令性生产计划政策，稀土矿产品的产量以 7.4% 的速度增加，说明政策的实施使企业的生产与市场的需求更加匹配。

（4）稀土进口量正逐步增加，出口平均价格趋于正常。随着国内稀土开采控制政策的实施，为保证稀土产业可持续性发展，同时满足实际消费需求，稀土进口量在 2012 年后开始以较大幅度增加。政策实施对出口平均价格的影响效果显著。1995~2006 年，出口平均价格处于低迷状态。2006~2011 年实施开采控制政策后稀土产品供给减少，通过间接作用影响了出口量及出口价格，平均价格出现明显的上升趋势。2012~2022 年产量增速放缓，出口平均价格有所回落，政策实施后出口贸易趋于稳定，出口价格变化也受到新材料产业发展、市场调节等因素的影响。

自 1995 年起，中国出台了多项与稀土开采有关的管理政策，从颁发采矿许可证、出口配额到开采指标控制，这些政策对稀土行业的发展产生了深远的影响。本书将 1995~2022 年时期的政策演变分为三个阶段，通过建立政策效应评价模型评估三个不同阶段的政策影响。2006 年和 2012 年出台的两项关键开采控制政策，限制了稀土开采的总量，避免了稀土资源储量的急剧下降，将稀土产品纳入生产计划管理，进而提高资源的有效利用水平。同时开采控制政策对稀土出口平均价格产生了影响，使中国能够在一定程度上有效控制供应和定价。政策的实施限制了产量，改变了稀土供需格局，加大了稀土原材料的进口量以确保矿产资源的持续有效供应，从而实现稀土的战略储备和可持续发展目标。根据以上研究结论，提出如下政策建议。

（1）保持政策连续性，加强监督管理。总量控制和指令生产计划政策是为保护稀土资源，直接对产量上限进行严格管理，在下达控制指标的基础上，应采取切实有效的监管措施打击非法盗采及超指标或无指标生产行为。同时注重发挥市场配置资源的作用，指标的确定和分配要考虑市场因素和战略布局。

（2）根据稀土配分，进一步加强稀土的分类管理，提高生产指标制定的科学性。对于储量大的轻稀土资源，在注重保护环境的同时，可适度扩大生产规模以获取更大的经济效益；对于储量小、战略性强的中重稀土资源，建议将生产指标细化到矿区，并建立重要稀土资源战略储备的长效机制。

3 稀土产品贸易网络特征与出口竞争力

3.1 中国稀土产品国际贸易

3.1.1 稀土产品贸易发展历程

我国稀土产业发展迅速，四十年间有关部门发布了一系列政策来对稀土产业进行支持与管理，1975 年徐光宪提出了串级萃取理论，在技术取得突破后，从 20 世纪 90 年代初起，由中国分离的单一稀土大量出口，购买价格比开采成本更低，各国大量进口中国稀土。在经济恢复急需资金与技术支持的双重原因下，我国政府颁发政策来鼓励稀土出口，具体政策为出口退税。由于我国出口产品仅集中在原材料和粗加工产品上，在成为生产大国、出口大国后并没有带来更多的经济利益，带来的是许多国家依赖从中国进口稀土，我国成为继美国之后的最大稀土供应国。

进入 21 世纪，我国政府开始重视稀土资源的保护，采取相应措施来扭转大量出口稀土原材料和粗加工产品的态势，并希望将资源优势转化为技术优势，因此对稀土原料和粗加工产品出口进行限制，鼓励稀土深加工产品出口。同时，一系列保护政策出台，包括开采指令性配额、稀土产品出口配额许可证、收紧关税等政策。2010 年稀土价格暴涨全球出现供应危机，美、日、欧盟于 2012 年以中国违反 WTO 协议为由提起贸易诉讼，中国败诉后于 2015 年被迫取消稀土出口数量管理措施，稀土出口因此出现量增价跌趋势。2015 年我国不得不放开了稀土产品的出口限制，稀土行业回到了真正意义上的重新放开发展阶段。2015 年，我国结束了稀土出口配额制度，不再限额出口，企业可以根据购销合同进行生产、出口，并且稀土资源税由从量计征改为从价计征，这有利于打击非法开采。但在此期间，西方国家为了保证其稀土资源的安全，摆脱对中国稀土产业链的依赖，正大力推进西方的稀土产业链体系，在稀土上游端，西方国家积极探寻新的稀土矿山并构建稀土冶炼分离加工厂，如美国、澳大利亚等西方国家在美国、英国等国家构架稀土分离厂；在稀土产业链下游，我国已成为全球最大的稀土永磁材料生产国，以高丰度稀土永磁材料为代表的部分稀土永磁制备技术已处于世界领先地位，但我国的稀土永磁材料产品，目前还无法满足高档机器人、第五代移动通信技术（5G）、光刻机等新兴产业对高端永磁体的技术需求，另外，在整个稀土永磁材料的核心知识产权、晶粒细化等最先进的制备技术及连续化智能化装备等领域，同美国、日本等发达国家存在不小的差距，美国、日本等国家以保护知识产权为由，禁止向中国出口相关高端技术，中国的稀土贸易安全面临着严峻挑战。

3.1.2 稀土产品贸易研究现状

在稀土资源贸易方面，国内外学者以稀土资源或单一稀土产品作为研究对象展开了大量定性与定量的研究。其中，有学者通过复杂网络对稀土整体贸易格局与贸易国家地位、贸易结构进行分析；部分学者从不同角度对稀土的生产预测、定价权、环境的可持续发展等方面进行深入研究，如宋文飞指出稀土定价权缺失问题的关键原因是稀土出口市场呈买方垄断市场结构特征，并对政府提出征收环境税等建议提高我国稀土产品定价权。邢晟提出我国稀土行业集中度低与产品附加值低是我国稀土定价权缺失的原因。袁中许从资源异质性的视角构建了两类不同性质稀土定价权缺失的内因机理模型，并提出稀土行业低集中度和特种稀土国际专利水平落后依次为一般稀土和特种稀土贸易定价权缺失的最主要内在因素，进一步地表明扭曲的国内稀土低端消费持续增长率与进口特种稀土消费比率偏低也分别是其缺失的重要因素。也有学者基于国际背景下，对稀土资源供应安全问题展开研究。

稀土产业链上下游各环节的关系紧密，整个产业链格局会随着每个环节的变动产生重大影响，因此，延伸到稀土产业链方面，Zuo 等（2022）通过复杂网络对全球稀土产业链产品贸易格局进行分析，并研究新冠疫情对稀土产业链的影响程度。汤林彬（2022）构建稀土关键产品全球贸易网络模型，探究国家间贸易流动关系及演变特征。夏启繁（2022）基于产业链视角，探究了中国稀土产品对外贸易的空间格局演化、相互依存关系演变及主要影响因素。综上，目前研究稀土产业链整体贸易格局及其演化特征的文献较少，且鲜有对稀土产业链上游、中游、下游产品的出口竞争力进行分析。

3.2 稀土产品国际贸易网络特征

3.2.1 复杂贸易网络模型

复杂贸易网络起源于社会网络，社会网络分析被定义为一群行动者和他们之间的联系，有"节点"和"行动者"两个基本要素。其中，"节点"是社会网络中的行动者，可以是独立的个体，也可以是各种不同的社会组织；"联系"代表节点之间的联结关系。需要注意的是，这种联系往往代表现实中发生的实质性关系，如朋友关系、上下级关系、城市之间的距离关系以及贸易关系等。社会网络分析的核心在于，从"关系"的角度出发研究社会现象与社会结构。社会网络分析逐渐被经济学家重视，广泛应用在产业经济学、金融、国际贸易等诸多领域。随着经济全球化的发展，国家之间密切的经济联系使全球贸易关系成为一个有机的整体，不断增长的国际贸易正成为塑造全球经济和政治格局的关键。采用社会网络的分析方法研究国际贸易系统的特征规律已经成为一个新兴的研究方向。延续社会网络的相关概念，可以发现，全球经济中的各个国家通过贸易关系组成了国际贸易网络，且该网络具有社会网络的基本特性。正是由于学者发现社会网络分析在国家贸易领域的适用性和科学性，诸多学者对此进行了研究并逐渐衍生出复杂网络与贸易网络。复杂网络建立源于对系统中组成各个部分的抽象，以此为基础，可以对整个系统的运行规律进行探究，也可以研究整体与局部、局部与局部的相互关系。复杂网络的雏形是 Renyi 和 Erdos 在 20 世纪 50 年代末提出的随机网络（ER 随机网络）。随后经过 Watts 和 Strogatz 等的不断发展和完善逐渐成熟。Serrano 等（2003）最早把复杂网络的方法应用到国际贸易中来，结果发现国际贸易网络同样表现出无标度性、小世界属性、高集聚性和不同节点间的度相关性等典型的复杂网络特征。陈银飞（2011）发现世界贸易网络为负向匹配网络且存在富人俱乐部现象。Piccardi 和 Tajoli 采用加权网络分析了 1962~2008年的全球贸易数据，通过模块化、聚类性、稳定性和持久性分析，印证了全球化贸易系统的观点。

本书以国家（地区）为节点构建 $N \times N$ 矩阵，即设 $V_i (i = 1, 2, \cdots, n)$ 为稀土产业链上游、中游、下游阶段产品出口国，$V_j (j = 1, 2, \cdots, n)$ 为稀土产品进口国。以稀土贸易国家间的贸易联系为边，以贸易额的流动方向为边的方向，用邻接矩阵 $A = [a_{ij}]$ 表示稀土进出口国之间的贸易关联，a_{ij} 取 1 或 0，分别代表稀土进出口国家之间存在或不存在贸易关系。然后，以稀土贸易额为边的权重构建加权贸易网络，$W = [W_{ij}]$ 为权重矩阵，用稀土出口贸易额表示。则得到全球稀土无权贸易网络和加权贸易网络。

3.2.2　研究设计

本书对全球稀土产业链产品贸易网络格局进行两部分测度：一是网络整体结构特征指标，二是全球稀土产业链产品贸易网络竞争力指标。网络整体性测度指标分为三类，首先是整体网络密度、贸易规模和产业集中度；其次是体现贸易网络是否具有小世界特征的平均集聚系数与平均路径长度两指标；最后是国家地位评价分析指标。本书对国家地位评价分析的测度指标为点强度，分为出强度与入强度。全球稀土产业链产品贸易网络竞争力指标的测度分为出口寡占指数、国家贸易中介控制能力与结构分布指数三指标。

本书使用的贸易数据源于联合国商品贸易数据库（UN Comtrade Database），

选取是 2000~2022 年各国（地区）的稀土出口贸易额，覆盖了 100 多个国家（地区）之间的稀土进出口贸易。通过阅读相关文献可知，依据世界海关组织 HS 编码查询分类，稀土商品主要包括钪及钇、稀土永磁铁及永磁体、稀土金属、重稀土总含量≥30%的铁合金等共计 15 小类。世界海关组织针对稀土产品的贸易，将相关产品划分为上游矿物质稀土类，稀土加工端的中游稀土金属类、混合稀土类，稀土应用端的下游钛合金类等。其中，矿物质稀土类是稀土产品中的原材料，属于稀土开采端的上游资源。稀土金属类、混合稀土类和钛合金类属于稀土加工端的中游初级产品。磁铁类属于稀土应用端的下游制品。位于产业链不同链条的稀土产品所处的价值链地位不尽相同，一般来说，越偏向下游的稀土产品越靠近产品价值链的上端。为了分析稀土产业链上、中、下游不同阶段的贸易格局，分别获取的是原矿采选阶段的稀土原矿（HS-253090）；冶炼分离阶段的混合稀土类产品（HS-284690）；加工制造阶段的稀土金属（HS-280530）以及应用产品稀土永磁（HS-850511），如图 3-1 所示。鉴于全球稀土贸易数据中包含少量非常小的数值，反映部分国家之间的贸易网络连接较为边缘，本书选择了前 95% 的稀土出口额进行分析，可以认为其对全球稀土贸易网络的影响并不大且增加了数据运用的准确性。文章借助 Ucinet6、Gephi0.9.2、Gis 和数据库等技术手段对全球稀土产业链复杂网络模型进行分析。

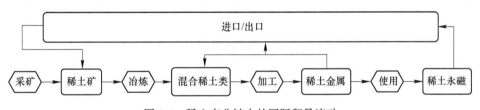

图 3-1 稀土产业链中的国际贸易流动

贸易网络整体性指标。

（1）整体网络密度。网络密度是指网络中实际存在的边数与该网络的理论最大边数的比值，密度表示复杂网络中节点连接的紧密程度，在无权有向贸易网络中，整体网络密度为：

$$D = L/n(n-1) \tag{3-1}$$

式中，n 为节点个数；L 表示实际关系数，取值介于 0 和 1 之间。L 值越接近 1，该网络的密度越大，对行动者产生的影响可能越大；反之影响越小。本书采用 Ucinet6 软件对 2000~2022 年的稀土产品无权无向网络进行密度计算。

（2）产业集中度指数。通过查阅文献，根据美国经济学家贝恩和日本通产省对产业集中度的划分标准，用进口、出口贸易额前 8 的国家（以下简称为 C8 或 C8 成员国）所占的贸易比例测算产业集中度指数，该指标已被广泛应用于各行各业市场集中度的分析，计算公式为：

$$CR_{a,t}^8 = \frac{\sum_{b=1}^{8} x_{b,a,t}}{\sum_{b=1}^{k_{a,t}} x_{b,a,t}} \tag{3-2}$$

式中，b 为指标排名；$x_{b,a,t}$ 为排名第 b 位的国家第 a 种产品在 t 年的出口量；$k_{a,t}$ 为 a 产品在 t 年的贸易额总量。产业集中度指数不同范围代表不同的贸易市场类型，如表 3-1 所示。

表 3-1　产业集中度代表的贸易市场类型

产业集中度指数	贸易市场类型
$CR_{a,t}^8 < 0.4$	竞争型
$0.4 \leqslant CR_{a,t}^8 < 0.7$	低集中寡占型
$CR_{a,t}^8 \geqslant 0.7$	极高寡占型

（3）集聚系数。网络的集聚系数表示复杂网络的集团化程度，C_i 越大，其集团化程度越高，节点之间的关系越紧密。其计算公式为：

$$C_i = \frac{E_i}{C_{K_i}^2} \tag{3-3}$$

式中，C_i 为节点 i 的集聚系数；E_i 为实际存在的边数；$C_{K_i}^2$ 为可能存在的边数。

（4）平均路径长度。平均路径长度 L 是指国家之间边长的平均值，反映贸易过程中的效率，在复杂网络中，L 越大则效率越低，国家间贸易关系越松散。其计算公式为：

$$L = \frac{1}{N \times (N-1)} \sum_{i,j} d(i, j) \tag{3-4}$$

（5）点强度。点强度 S 是指某一节点连接的所有连边的权重之和。在全球稀土产业贸易网络中，点强度较高表明该节点在网络中的重要程度越高。出强度与入强度公式分别为：

$$S_i^{out} = \sum_{i=1}^{N} W_{ij} \tag{3-5}$$

$$S_i^{in} = \sum_{i=1}^{N} W_{ij} \tag{3-6}$$

3.2.3　稀土产业链产品贸易网络特征

3.2.3.1　整体性分析

采用网络密度、贸易规模、贸易总额和产业集中度指数分析全球总体贸易格局。从网络密度与贸易规模来看，稀土永磁贸易网络的稠密度大于稀土金属与稀土矿，混合稀土类产品网络密度最低。稀土矿是重要的战略性矿产资源，许多国家都会对稀土资源做好储备工作而大量进口，因此其贸易规模更大，而稀土永磁材料是稀土消费价值最高的领域，且属于产业链后端附加值更高的产品，其贸易网络联系会更加紧密。

稀土产业链上、中、下游产品2000~2022年的指标数据显示，贸易网络密度与贸易规模为上升趋势，表明越来越多的国家参与到稀土产业链上、中、下游产品贸易中且贸易关系也越来越紧密，逐渐趋于贸易全球化。在稀土上、中、下游环节贸易额方面（见图3-2），稀土永磁的贸易额量级大于稀土矿、混合稀土和稀土金属，但四种产品的贸易额演化趋势总体相似，具体分为三个阶段：2000~2012年处于不断上升期；2012~2016年处于下降期；2016~2022年处于波动上升期，由于2015年中澳正式签署中澳政府自贸协定，2017年签署自贸协定投资章节，2016年之后澳大利亚出口到中国的稀土矿贸易额比例最高，2020年由于新冠疫情澳大利亚稀土矿出口小幅下降，疫情逐渐恢复之后，2022年澳大利亚稀土矿出口贸易额增幅较大，且出口到中国贸易额占比为澳大利亚总出口的97%。

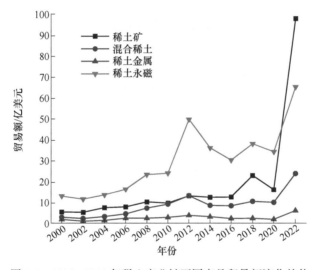

图 3-2　2000~2022年稀土产业链不同产品贸易额演化趋势

在市场集中度方面，稀土产业链上、中、下游环节不同产品均处于寡占型的市场环境中，其中，中下游环节稀土产品贸易为极高寡占型，上游稀土在2016年之后也一直呈现极高寡占型的市场类型，这表明稀土产业链上、中、下游的贸易特征为少数国家掌握着极大贸易量，2022年寡占指数最高，是由于寡占前8的国家尤其是澳大利亚出口的稀土矿贸易额大幅提升（见图3-3）。

3.2.3.2　主要贸易国地位演变

通过对稀土产业链产品的点强度指标进行分析，来判断其贸易网络中主要贸易国地位演变。2000~2022年节点强度排名前6位的国家如表3-2所示，稀土产业链前端产品稀土矿贸易大国主要分布在欧洲的德国、荷兰、西班牙等国家（地

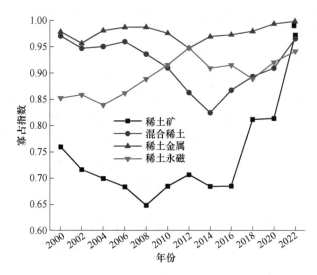

图 3-3 2000~2022 年稀土产业链不同产品市场集中度演化趋势

区），亚洲的中国、日本等国家（地区）以及美洲的美国，大洋洲的澳大利亚国家，其中，中国与澳大利亚是稀土矿贸易的大国，在后期稳居稀土矿贸易的第一位与第二位。

表 3-2 2000~2022 年稀土矿节点强度排名前 6 位的国家　　（亿美元）

类别	年份	排名					
		1	2	3	4	5	6
稀土矿	2000	德国 1.46	荷兰 0.96	美国 0.89	西班牙 0.87	比利时 0.65	日本 0.53
	2006	德国 1.94	西班牙 1.41	中国 1.12	美国 1.08	意大利 0.92	法国 0.56
	2010	中国 2.06	德国 1.77	美国 1.52	西班牙 1.26	澳大利亚 0.89	日本 0.80
	2016	中国 4.24	澳大利亚 2.99	美国 1.61	德国 1.17	马来西亚 1.10	西班牙 0.81
	2019	中国 10.79	澳大利亚 9.74	美国 1.84	德国 1.49	荷兰 1.26	西班牙 1.14
	2022	中国 87.60	澳大利亚 84.67	巴西 3.38	美国 1.95	荷兰 1.72	德国 1.59
混合稀土	2000	中国 1.42	日本 0.84	美国 0.61	俄罗斯 0.30	法国 0.25	拉脱维亚 0.23

类别	年份	排名					
		1	2	3	4	5	6
混合稀土	2006	中国 2.69	日本 2.17	美国 0.64	法国 0.55	荷兰 0.36	泰国 0.27
	2010	中国 6.17	日本 3.99	美国 1.27	韩国 0.67	法国 0.62	德国 0.55
	2016	中国 3.07	日本 2.59	马来西亚 1.71	越南 0.95	美国 0.91	韩国 0.58
	2019	中国 4.67	日本 3.40	马来西亚 2.60	美国 1.81	越南 1.48	泰国 0.59
	2022	中国 4.40	日本 3.33	马来西亚 2.60	美国 1.84	越南 1.25	土耳其 1.72
稀土金属	2000	中国 1.19	日本 0.83	美国 0.26	德国 0.21	英国 0.08	荷兰 0.07
	2006	中国 1.94	日本 1.75	美国 0.16	荷兰 0.06	意大利 0.04	德国 0.04
	2010	中国 1.83	日本 1.69	美国 0.42	德国 0.13	荷兰 0.10	泰国 0.08
	2016	日本 1.68	越南 1.03	中国 0.60	泰国 0.24	美国 0.06	奥地利 0.05
	2019	日本 1.33	中国 1.19	泰国 0.44	越南 0.21	韩国 0.10	荷兰 0.08
	2022	日本 4.81	中国 3.94	泰国 1.44	越南 0.57	美国 0.11	泰国 0.77
稀土永磁	2000	日本 5.58	中国 3.11	美国 2.73	马来西亚 2.05	新加坡 1.31	泰国 1.14
	2006	中国 7.22	日本 4.79	美国 2.37	德国 2.04	马来西亚 1.49	泰国 1.35
	2010	中国 13.3	日本 6.33	德国 3.15	美国 2.85	菲律宾 2.15	马来西亚 1.93
	2016	中国 18.27	日本 6.01	德国 5.09	美国 3.93	菲律宾 2.84	马来西亚 1.95
	2019	中国 22.03	德国 6.38	日本 6.30	美国 5.04	菲律宾 4.55	越南 2.66
	2022	中国 47.67	德国 11.53	日本 9.25	美国 8.45	韩国 6.31	菲律宾 5.90

稀土产业链中游混合稀土类产品贸易大国主要分布在亚洲的中国、日本、马来西亚等国家（地区），北美洲的美国以及欧洲的俄罗斯、法国等国家（地区），其中，中国、日本是一直稳居在混合稀土类产品贸易的第一位与第二位，马来西亚与美国也是主要的混合稀土类产品贸易国家。

稀土产业链中游稀土金属产品贸易大国主要分布在亚洲的中国、日本、越南、泰国等国家（地区），北美洲的美国以及欧洲的德国、英国、荷兰等国家（地区），其中，中国与日本是稀土金属的主要贸易大国，日本在后期超过中国成为稀土金属贸易额排名第一的国家，泰国、越南等国家紧随其后，也是稀土金属贸易的主要国家。

稀土产业链后端产品稀土永磁产品贸易大国主要分布在亚洲的中国、日本、菲律宾等国家（地区），以及美国、德国等国家，其中，中国是稀土永磁贸易大国，其贸易排名一直保持第一，而日本、德国、菲律宾等国家（地区）也是一直保持为稀土永磁产品的贸易大国。

3.2.3.3 稀土产业链的小世界特征

小世界网络特征是指，与同等规模的随机网络相比，贸易加权网络具有更大的平均聚类系数与更短的平均路径长度。稀土产品贸易网络的平均路径长度在2.02~2.53之间，表明通过稀土资源的贸易关系连接2个国家（地区）最短平均路径经过2.5个国家（地区）左右。为了研究稀土贸易网络是否具有小世界特性，本书参考董迪的做法，对与稀土加权网络做同等规模的随机网络分布，节点代表贸易中的国家，边的概率为加权网络边的数量与基于现有节点最大连通图边的数量，计算稀土随机网络的平均路径长度和集聚系数（见表3-3）。

表3-3 稀土产品的贸易网络拓扑指标

类别	年份	网络密度	平均聚类系数	平均路径长度	随机网络平均聚类系数	随机网络平均路径长度	贸易规模
稀土矿	2000	0.042	0.49	2.40	0.09	2.15	179
	2006	0.046	0.55	2.35	0.09	2.10	192
	2010	0.047	0.53	2.34	0.10	2.04	197
	2016	0.048	0.64	2.25	0.10	2.02	208
	2019	0.049	0.61	2.25	0.10	2.04	206
	2022	0.046	0.62	2.22	0.10	2.07	196
混合稀土	2000	0.041	0.51	2.39	0.09	2.46	91
	2006	0.039	0.44	2.38	0.09	2.45	100
	2010	0.039	0.46	2.45	0.07	2.40	120
	2016	0.040	0.48	2.36	0.09	2.27	122
	2019	0.041	0.49	2.43	0.07	2.33	126
	2022	0.049	0.59	2.26	0.11	2.17	114

类别	年份	网络密度	平均聚类系数	平均路径长度	随机网络平均聚类系数	随机网络平均路径长度	贸易规模
稀土金属	2000	0.052	0.45	2.29	0.13	2.44	61
	2006	0.042	0.31	2.53	0.08	2.53	68
	2010	0.052	0.50	2.35	0.12	2.29	70
	2016	0.049	0.46	2.43	0.11	2.35	75
	2019	0.048	0.49	2.29	0.13	2.38	77
	2022	0.052	0.41	2.48	0.10	2.44	76
稀土永磁	2000	0.053	0.57	2.35	0.11	2.06	155
	2006	0.052	0.60	2.26	0.10	2.04	183
	2010	0.058	0.67	2.16	0.12	1.97	190
	2016	0.066	0.70	2.10	0.13	1.89	201
	2019	0.073	0.73	2.05	0.14	1.87	204
	2022	0.073	0.74	2.02	0.15	1.86	206

由结果可知,稀土贸易网络的平均集聚系数在 0.31~0.74 之间,远远高于相同规模随机网络的平均集聚系数,上游稀土矿与下游稀土永磁产品的平均路径长度相比随机网络的平均路径长度相差不大,中游混合稀土与稀土金属的平均集聚系数更小,表明稀土贸易网络呈现小世界特征。此外,平均集聚系数越高,平均路径长度越小,则贸易网络都更紧密。对比产业链上、中、下游阶段稀土产品贸易网络的指标可以发现,在网络紧密程度上,中游混合稀土与稀土金属与下游稀土永磁产品明显高于上游稀土矿。

3.3 出口竞争力分析

3.3.1 竞争力指标

在典型国家贸易竞争力方面,基于矿产资源国际贸易网络相关文献梳理,分别从单一国家贸易量占据的优势地位、在贸易流动过程中的控制能力、贸易渠道多元化分布结构特征 3 个维度进行分析,提出出口寡占指数、国家贸易中介控制能力、结构分布指数等指标分析国家贸易竞争力。

(1)出口寡占指数。出口寡占指数为一个国家出口额与寡占成员国出口额均值的比值,主要表示一国在寡占型国家中的竞争力,计算公式为:

$$CR_{a,t}^i = \frac{x_{a,t}^i}{CR_{a,t}^8/8} \quad i = 1, 2, \cdots, 8 \tag{3-7}$$

式中，$x_{a,t}^i$ 为 a 国家在第 t 年第 i 种产品的出口总额；等式右边为 C8 寡占成员国的出口额占 C8 成员国平均出口额的比重。

（2）中介中心度。在全球稀土贸易网络中，中介中心度表明国家节点对稀土全球流动的传导能力及控制程度，国家节点的中介中心度越高，该国对稀土产品在全球流动的传导作用越大，控制力也越强，该国的价格波动或政策变化对整个贸易网络产生的影响越大。中介中心度表示某一节点作为其他任意 2 个节点间最短路径桥梁的次数占比。在全球稀土产品贸易网络中，中介中心度越高，表示该节点国家对其他沿线国家间铝土矿贸易的控制程度越高。中介中心度的计算公式为：

$$b_{jk}(i) = \frac{g_{jk}(i)}{(N-1)(N-2)g_{jk}} \tag{3-8}$$

式中，g_{jk} 为 j 国与 k 国间所有最短的稀土贸易路径数；$g_{jk}(i)$ 为 j 国到 k 国最短稀土贸易路径中途经 i 国家的路径数。

（3）HHI 指数。采用赫芬达尔-赫希曼指数衡量国家出口结构分布指数，其取值范围为（$1/N$）~ 1。HHI 指数越接近 $1/N$，一国出口更加多元化且分布均匀。该指标已被广泛应用于单一国家矿产资源的市场地位、依赖性和安全性分析，但以往更多是针对对外依赖较大的矿产资源进口结构分析，较少用于针对优势矿产资源分析出口结构布局。计算公式如下：

$$HHI_{a,t}^i = \sum_{b=1}^{N} (x_{a,t}^{i \to j} | x_{a,t}^i)^2 \tag{3-9}$$

式中，$HHI_{a,t}^i$ 为 i 国家第 t 年 a 产品的出口集中度指数；$x_{a,t}^{i \to j}$ 为 i 国家第 t 年 a 产品向 j 国家出口的总额。

3.3.2 稀土产品贸易竞争力分析

首先对 2000~2022 年全球稀土产业链贸易中上、中、下游产品的前八（C8）寡占成员国的演化趋势进行整体的描述，进而选取不同阶段的主要出口国家分析其贸易竞争力，之后横向分析随时间推移各阶段产品的贸易竞争力，最后选取 2022 年不同阶段的产品纵向对比分析其贸易竞争力。

3.3.2.1 全球稀土产业链贸易寡占成员国（地区）演化趋势

稀土矿、混合稀土、稀土金属、稀土永磁四类产品 2000~2022 年贸易出口额排名前 8 位的国家（地区）见表3-4。中国具有完整稀土产业链，出现在 4 类产品的寡占成员国名单中。稀土矿出口额排名前 5 位的国家（地区）相对稳定，集中在荷兰、德国、西班牙、美国、中国。有些国家（地区）稀土矿出口额较高主要是因为其资源禀赋高且贸易类型为中介转口贸易类。此外，其他国家（地区）的稀土产品出口额变化具有较大差异，如意大利、比利时处于早期高后期低，澳大利亚、俄罗斯处于早期低后期高，还有偶发性的赞比亚、智利、卢旺达等国家。

表 3-4 2000~2022 年稀土矿国际贸易出口 C8 寡占名单中的国家（地区）

国家或地区	2000年	2002年	2004年	2006年	2008年	2010年	2012年	2014年	2016年	2018年	2020年	2022年
荷兰	1	8	N/A	8	6	7	7	6	8	6	4	4
德国	2	1	2	1	2	4	5	4	6	5	7	7
西班牙	3	2	1	2	1	1	6	5	5	4	5	5
美国	4	3	7	7	5	3	4	3	3	2	6	6
中国	5	4	5	4	3	2	3	2	2	3	2	3
意大利	6	6	4	3	N/A	N/A	N/A	7	N/A	N/A	8	8
比利时	7	7	8	N/A	N/A	N/A	N/A	N/A	N/A	N/A	N/A	N/A
英国	8	N/A	6	N/A	8	8	N/A	N/A	N/A	N/A	N/A	N/A
加拿大	N/A	5	N/A	5	N/A	N/A	N/A	N/A	N/A	N/A	N/A	N/A
肯尼亚	N/A	N/A	3	N/A	N/A	N/A	N/A	N/A	N/A	N/A	N/A	N/A
澳大利亚	N/A	N/A	N/A	6	4	5	1	1	1	1	1	1
俄罗斯	N/A	N/A	N/A	N/A	7	6	8	8	N/A	7	3	N/A
巴新	N/A	N/A	N/A	N/A	N/A	N/A	2	N/A	N/A	N/A	N/A	N/A
赞比亚	N/A	N/A	N/A	N/A	N/A	N/A	N/A	N/A	4	N/A	N/A	N/A
智利	N/A	N/A	N/A	N/A	N/A	N/A	N/A	N/A	7	N/A	N/A	N/A
卢旺达	N/A	N/A	N/A	N/A	N/A	N/A	N/A	N/A	N/A	8	N/A	N/A
巴西	N/A	N/A	N/A	N/A	N/A	N/A	N/A	N/A	N/A	N/A	N/A	2

注：表格中数字为各国家（地区）当年的排名情况，N/A 表示当年没有排进前 8 名。

混合稀土贸易出口 C8 寡占名单中的国家（地区）根据时间分布大致可划分为四类，如表 3-5 所示：第一类为出口额持续较高的国家，如中国、日本一直保持在寡占名单中；第二类为出口额前期较高，后期减少的国家，如俄罗斯、英国、法国；第三类为出口额前期较低，后期上升的国家，如挪威、马来西亚等，且马来西亚逐渐演化成混合稀土的第一大出口国；第四类为出口额偶尔较高的国家（地区），如加拿大、阿联酋等。

表 3-5 2000~2022 年混合稀土类产品国际贸易出口 C8 寡占名单中的国家（地区）

国家或地区	2000年	2002年	2004年	2006年	2008年	2010年	2012年	2014年	2016年	2018年	2020年	2022年
中国	1	1	1	1	1	1	1	1	1	1	1	2

国家或地区	2000年	2002年	2004年	2006年	2008年	2010年	2012年	2014年	2016年	2018年	2020年	2022年
俄罗斯	2	5	5	8	6	7	N/A	N/A	N/A	N/A	N/A	N/A
美国	3	2	4	4	N/A	4	5	6	N/A	4	4	3
日本	4	4	3	2	3	3	4	3	3	3	3	4
新加坡	5	3	N/A	N/A	N/A	N/A	N/A	N/A	N/A	N/A	N/A	N/A
法国	6	N/A	2	3	2	6	3	7	8	N/A	N/A	8
英国	7	6	7	6	N/A	N/A	N/A	N/A	N/A	N/A	N/A	N/A
德国	8	8	8	N/A	5	5	6	8	N/A	N/A	N/A	N/A
爱沙尼亚	N/A	7	N/A	7	7	N/A	N/A	N/A	N/A	6	N/A	6
奥地利	N/A	N/A	6	5	4	2	N/A	5	6	N/A	N/A	N/A
挪威	N/A	N/A	N/A	N/A	8	N/A	N/A	N/A	5	5	8	N/A
中国香港	N/A	N/A	N/A	N/A	8	8	4	4	N/A	N/A	N/A	N/A
加拿大	N/A	N/A	N/A	N/A	N/A	N/A	7	N/A	N/A	N/A	N/A	N/A
马来西亚	N/A	N/A	N/A	N/A	N/A	N/A	2	2	2	2	1
中国台湾	N/A	N/A	N/A	N/A	N/A	N/A	N/A	N/A	7	N/A	N/A	N/A
印度	N/A	N/A	N/A	N/A	N/A	N/A	N/A	N/A	7	6	5
阿联酋	N/A	N/A	N/A	N/A	N/A	N/A	N/A	N/A	8	N/A	N/A
芬兰	N/A	N/A	N/A	N/A	N/A	N/A	N/A	N/A	N/A	5	N/A
韩国	N/A	N/A	N/A	N/A	N/A	N/A	N/A	N/A	N/A	N/A	7	N/A
荷兰	N/A	N/A	N/A	N/A	N/A	N/A	N/A	N/A	N/A	N/A	N/A	7

注：表格中数字为各国家（地区）当年的排名情况，N/A 表示当年没有排进前 8 名。

稀土金属出口额较大的国家主要有中国、美国、日本，其他国家（地区）排名差异较大，如处于中间高两端低的有中国香港、奥地利等；近期高的有泰国、荷兰等，且泰国的稀土金属出口排名仅次于中国；前期高的有德国、新加坡、比利时等；以及偶发性排名靠前的有斯洛伐克、肯尼亚等，如表 3-6 所示。

表 3-6   2000~2022 年稀土金属国际贸易出口 C8 寡占名单中的国家（地区）

国家或地区	2000年	2002年	2004年	2006年	2008年	2010年	2012年	2014年	2016年	2018年	2020年	2022年
中国	1	1	1	1	1	1	1	2	2	1	1	1
美国	2	2	3	2	2	2	2	8	6	4	6	5
德国	3	7	N/A	N/A	N/A	N/A	N/A	N/A	N/A	N/A	N/A	N/A
新加坡	4	3	N/A	N/A	N/A	N/A	N/A	N/A	N/A	N/A	N/A	N/A

国家或地区	2000年	2002年	2004年	2006年	2008年	2010年	2012年	2014年	2016年	2018年	2020年	2022年
日本	5	6	7	4	7	6	5	5	4	3	3	3
比利时	6	N/A	8	8	6	5	N/A	N/A	N/A	N/A	N/A	N/A
斯洛伐克	7	N/A	N/A	N/A	N/A	N/A	N/A	N/A	N/A	N/A	N/A	N/A
英国	8	4	N/A	N/A	N/A	8	N/A	N/A	8	8	8	6
中国香港	N/A	5	2	3	3	3	6	3	N/A	N/A	N/A	N/A
法国	N/A	7	N/A	N/A	N/A	N/A	N/A	N/A	N/A	N/A	N/A	N/A
奥地利	N/A	N/A	4	6	4	4	4	7	5	N/A	N/A	N/A
意大利	N/A	N/A	5	5	5	N/A	N/A	N/A	N/A	N/A	N/A	N/A
中国台湾	N/A	N/A	6	N/A	N/A	N/A	N/A	N/A	N/A	N/A	N/A	N/A
肯尼亚	N/A	N/A	N/A	N/A	N/A	N/A	N/A	N/A	N/A	N/A	N/A	N/A
荷兰	N/A	N/A	N/A	N/A	8	N/A	7	N/A	N/A	5	4	N/A
泰国	N/A	N/A	N/A	N/A	N/A	7	N/A	4	3	2	2	2
越南	N/A	N/A	N/A	N/A	N/A	N/A	3	1	1	N/A	N/A	N/A
爱沙尼亚	N/A	N/A	N/A	N/A	N/A	N/A	N/A	8	N/A	N/A	N/A	7
菲律宾	N/A	N/A	N/A	N/A	N/A	N/A	N/A	6	7	N/A	N/A	N/A
布隆迪	N/A	N/A	N/A	N/A	N/A	N/A	N/A	N/A	N/A	6	N/A	N/A
俄罗斯	N/A	N/A	N/A	N/A	N/A	N/A	N/A	N/A	N/A	7	7	N/A
韩国	N/A	N/A	N/A	N/A	N/A	N/A	N/A	N/A	N/A	N/A	5	8
尼日利亚	N/A	N/A	N/A	N/A	N/A	N/A	N/A	N/A	N/A	N/A	N/A	4

注：表格中数字为各国家（地区）当年的排名情况，N/A表示当年没有排进前8名。

就稀土永磁出口额而言，排名前五的国家（地区）出现次数较多的是日本、中国、美国、中国香港、德国，如表3-7所示。随着时间的推移，中国香港的排名呈下降趋势，中国在2004年超过日本并一直保持第1，在稀土永磁出口方面占据绝对优势，日本保持第2，在一定程度上两者相互竞争。美国、德国始终处于C8名单，排名总体上比较稳定，说明其在稀土永磁的出口贸易中起到十分重要的作用。

表3-7　2000~2022年稀土永磁国际贸易出口C8寡占名单中的国家（地区）

国家或地区	2000年	2002年	2004年	2006年	2008年	2010年	2012年	2014年	2016年	2018年	2020年	2022年
日本	1	1	2	2	2	2	2	2	2	2	2	2
中国	2	2	1	1	1	1	1	1	1	1	1	1

国家或地区	2000年	2002年	2004年	2006年	2008年	2010年	2012年	2014年	2016年	2018年	2020年	2022年
美国	3	4	5	5	5	5	6	6	5	4	5	5
中国香港	4	5	4	4	4	3	3	4	4	7	N/A	N/A
德国	5	3	3	3	3	4	4	3	3	3	3	3
马来西亚	6	8	N/A	N/A	N/A	8	5	7	6	5	7	7
英国	7	6	6	7	8	N/A	N/A	N/A	N/A	N/A	N/A	N/A
新加坡	8	7	4	6	4	N/A	6	6	N/A	N/A	N/A	N/A
瑞士	N/A	N/A	7	8	7	6	7	8	7	N/A	8	6
泰国	N/A	N/A	N/A	N/A	N/A	N/A	N/A	N/A	N/A	N/A	N/A	N/A
荷兰	N/A	N/A	N/A	N/A	6	7	8	N/A	8	8	6	8
菲律宾	N/A	N/A	N/A	N/A	N/A	N/A	N/A	5	N/A	N/A	N/A	4
越南	N/A	N/A	N/A	N/A	N/A	N/A	N/A	N/A	N/A	6	4	N/A

注：表格中数字为各国家（地区）当年的排名情况，N/A 表示当年没有排进前 8 名。

为了更直观地展示全球稀土产业链中四类稀土产品贸易演变格局，2000~2022 年稀土产业链四类稀土产品贸易的演化状况如图 3-4 所示，图中表示越接近核心的国家排名越靠前，结合上述分析，更加直观的理解全球稀土产业链产品贸易格局演化情况，以此为依据选定主要出口国家并对其出口竞争力进行分析。

3.3.2.2 中国与其他主要出口国（地区）在上、中、下游环节的出口竞争力分析

本书以稀土产业链上、中、下游环节排名靠前且在寡占成员名单中稳定存在为主要出口国（地区）的选取条件，稀土产业链上游稀土矿选取荷兰、德国、西班牙、美国、澳大利亚为主要出口国（地区）；中游混合稀土产品选取中国、美国、日本、马来西亚、法国为主要出口国（地区）；中游稀土金属选取中国、美国、日本、泰国、中国香港为主要出口国（地区）；下游稀土永磁选取中国、日本、美国、中国香港、德国为主要出口国（地区）。稀土产品出口绝对寡占指数、中介中心度与 HHI 指数的计算分别见式（3-7）、式（3-8）与式（3-9）。

（1）中国与其他主要出口国（地区）稀土矿贸易出口竞争力分析。稀土矿出口绝对寡占的国家相对较少（见图 3-5 (a)），德国与西班牙的出口寡占指数在 2012 年以前较高，但总体上呈下降的演化趋势；中国与美国的演化曲线以此为分界线超过德国与西班牙，但总体上也在降低；而澳大利亚的出口寡占指数却一直处于增长态势。2012 年其他主要出口国（地区）的出口寡占指数减少时，澳大利亚的出口贸易额一直保持显著上升态势。在中介控制能力方面（见图 3-5 (b)），澳大利亚的中介控制能力处于下降态势，而中国与美国的中介控制能力

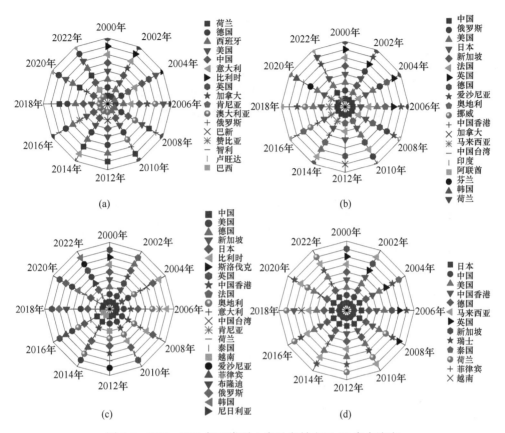

图 3-4　2000~2022 年四类稀土产品贸易出口 C8 寡占演变
（a）稀土矿；（b）混合稀土类；（c）稀土金属；（d）稀土永磁

逐渐增强，特别是美国的中介控制能力处于绝对优势地位，说明作为稀土矿出口大国，中国与美国的出口贸易存在产业内加工和转口等贸易。在出口结构方面（见图 3-5（c）），中国和美国的 *HHI* 指数演化呈下降趋势，出口渠道更加多元化且更均匀，相对而言，澳大利亚与荷兰的 *HHI* 指数更高，其出口结构更单一，2022 年澳大利亚出口 97% 以上的稀土矿到中国。总体来说，稀土矿是稀土产业链前端产品，主要出口国（地区）除澳大利亚之外都在减少前端稀土矿的出口。美国在中介控制能力与出口渠道方面占据很大优势，中国在中介控制能力与出口渠道两方面虽占据一定优势，但仍有很大的提高空间，德国随着出口额的降低，其中介控制能力方面呈下降趋势。

　　（2）中国与其他主要出口国（地区）混合稀土贸易出口竞争力分析。根据混合稀土寡占指数演化趋势特征（见图 3-6（a）），主要出口国中 C8 寡占国家可分为高位绝对寡占国家即中国，与低位相对寡占国家，分别为美国、马来西亚、法国、日本。前期中国出口额较大，但随时间演化呈下降趋势，而美国、马来西

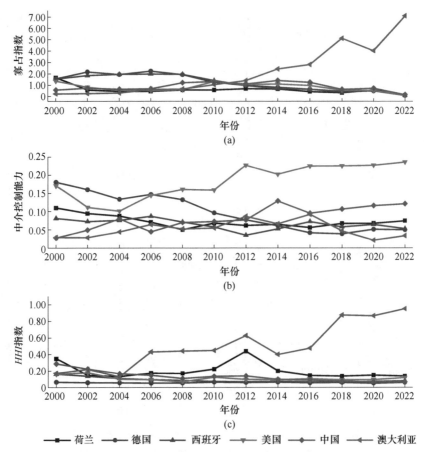

图 3-5 2000~2022 年稀土矿主要出口国（地区）出口贸易竞争力演化趋势
（a）稀土矿主要出口国家寡占指数演化情况；（b）稀士矿主要出口国家中介控制能力演化情况；
（c）稀土矿主要国家 *HHI* 指数演化情况

亚寡占指数呈上升趋势，三者之间形成竞争状态。在中介控制能力方面（见图 3-6（b）），寡占指数较低的美国前期在混合稀土出口贸易中承担着重要的中介角色，但其演化曲线呈下降趋势，而中国与法国在上升，正逐渐加强混合稀土出口贸易的中介控制能力。结合 *HHI* 指数可以发现（见图 3-6（c）），美国的混合稀土出口比例更加集中于少数国家，马来西亚在提高混合稀土出口的同时逐渐分散其出口比例，日本、法国、中国总体上呈现出分散化渠道的特征，前期中国在出口比重方面较高，中介控制能力较弱，说明其作为始发国家，生产并向少量国家出口混合稀土产品。根据演化曲线，中国呈现出口寡占指数降低、中介控制能力提升、出口渠道多元化的演化特征。

（3）中国与其他主要出口国（地区）稀土金属贸易出口竞争力分析。根据

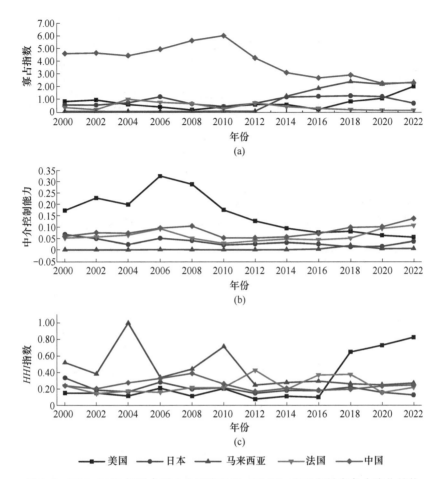

图 3-6　2000~2022 年混合稀土主要出口国（地区）出口贸易竞争力演化趋势
（a）混合稀土主要出口国家寡占指数演化情况；（b）混合稀土主要出口国家中介控制能力演化情况；
（c）混合稀土主要出口国家 *HHI* 指数演化情况

稀土金属寡占指数演化趋势特征（见图 3-7（a）），随着时间演化，泰国的寡占指数呈上升趋势，仅次于中国；中国具有绝对出口比重优势，但在中介控制能力方面低于美国（见图 3-7（b）），说明美国存在着明显的产业内贸易现象。进一步结合 *HHI* 指数演化特征发现（见图 3-7（c）），美国的 *HHI* 指数较低，说明其出口渠道比较多元，中国的 *HHI* 指数较高，说明中国向少部分国家出口了大量的稀土金属。对比发现，在稀土金属方面，中国出口竞争优势地位要低于混合稀土，中国在寡占指数方面占据优势，但需要提高贸易中介控制能力并在集中度方面进行多渠道化调整。

　　（4）中国与其他主要出口国（地区）稀土永磁贸易出口竞争力分析。总体上看，主要出口国（地区）的寡占指数趋势朝中国占据绝对出口比重优势的格

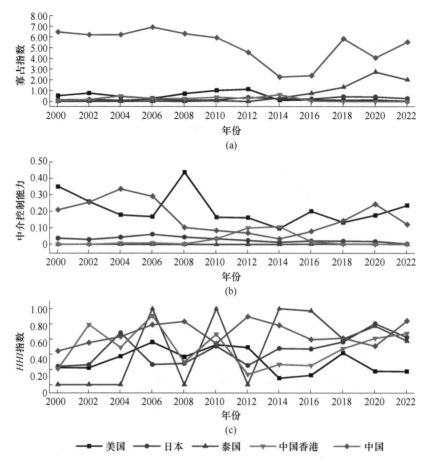

图 3-7 2000~2022 年稀土金属主要出口国（地区）出口贸易竞争力演化趋势
（a）稀土金属主要出口国家寡占指数演化情况；（b）稀土金属主要出口国家中介控制能力演化情况；
（c）稀土金属主要出口国家 HHI 指数演化情况

局方向演化（见图 3-8（a））。中国与日本都属于高位寡占国家，不同的是日本的竞争优势在下降，而中国的竞争优势在不断上升，逐渐占据绝对出口竞争优势地位，其他主要出口国（地区）处于低位相对寡占区。从中介控制能力方面来看（见图 3-8（b）），中国的中介控制能力高于其他国家（地区），美国和德国次之。进一步结合 HHI 指数发现（见图 3-8（c）），中国的出口贸易渠道较为多元，需注意美国和德国虽在寡占指数方面不占优势，但中介控制能力与出口渠道方面仅次于中国，具有一定的竞争力。总的来说，中国在稀土永磁出口贸易方面的出口竞争力比稀土产业链的其他产品更强，稀土永磁属于稀土产业链下游的重要产品，提升稀土永磁的出口竞争力优势对其价值增值与话语权提升具有重要意义。

（5）不同阶段稀土产品多维度竞争力对比分析。对 2022 年所有稀土产品主

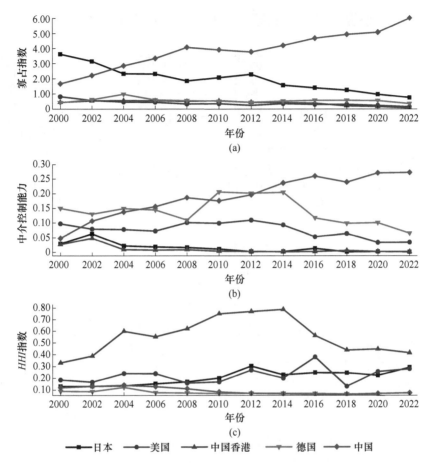

图 3-8 2000~2022 年稀土永磁主要出口国（地区）出口贸易竞争力演化趋势

（a）稀土永磁主要出口国家寡占指数演化情况；（b）稀土永磁主要出口国家中介控制能力演化情况；
（c）稀土永磁主要出口国家 *HHI* 指数演化情况

要出口国（地区）寡占指数、中介控制能力和 *HHI* 指数归一化处理，对比分析稀土产业链上、中、下游稀土产品中，主要出口国（地区）的多维度出口竞争力，如图 3-9 所示。在稀土矿方面，澳大利亚的出口份额在所有主要出口国中最高，但其中介控制能力相对较低，美国具有较高的贸易中介控制能力与多元化的出口渠道。由于稀土矿属于产业链上游产品，受到管控政策影响，中国的寡占指数呈下降趋势，2022 年呈现出低寡占、中高中介控制力、低集中度的特征。在混合稀土方面，相比其他主要出口国（地区），中国的竞争优势明显。在稀土金属方面，中国在出口比重上占据一定优势，但中介控制能力低于美国，在出口渠道方面依赖于部分渠道。在稀土永磁方面，中国在出口比重、中介控制能力、出口渠道三方面都具有绝对优势。

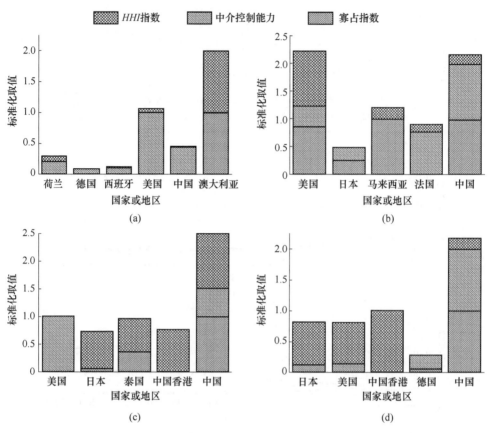

图 3-9 2022 年稀土产业链上、中、下游出口竞争力对比分析

（a）稀土矿典型国家；（b）混合稀土典型国家；（c）稀土金属典型国家；（d）稀土永磁典型国家

总体而言，中国稀土矿的出口比重经政策调整后有所下降，在中介控制能力方面次于美国，集中度指数较低，中国在稀土产业链前端混合稀土与后端稀土永磁的出口竞争优势相较于稀土金属更强。需要注意的是，美国等发达国家虽然出口寡占方面不占优势，但在中介控制能力方面较强，说明其在稀土产业链各阶段产品尤其是稀土金属进口后再加工方面，具有较好的技术条件。另外，稀土永磁属于稀土产业链的下游阶段，可提供相比前端产品更高的出口附加值，因此后端一些高端材料研发方面需要加强竞争力。

3.4 结论与政策建议

本章对稀土产业链上、中、下游阶段产品选取较为完备，构建了稀土产业链上、中、下游阶段不同产品贸易网络，对稀土产业链不同阶段产品进行系统与可视化分析，在一定程度上补充了该领域的研究内容，具有一定的理论价值；同时，根据量化指标选取主要出口国家，通过出口寡占水平、中介控制能力、出口结构三方面分析和对比产业链上、中、下游阶段不同产品的竞争力，横向与纵向对比分析稀土在不同阶段的竞争优势，发现可能有潜在风险的薄弱环节，为稀土产业链管理提出相应政策建议。

3.4.1 结论

本书对稀土产业链上、中、下游阶段不同产品的整体贸易格局与出口竞争力进行测度与分析，所得结论如下：

（1）稀土产业链后端稀土永磁产品与前端稀土矿的贸易网络密度更大，贸易额量级也更大，不同阶段产品贸易额演化趋势类似，总体呈上升趋势；稀土产业链上、中、下游阶段产品的集中度指数波动增长，表明其贸易特征为少数国家掌握着极大贸易量且此特征越来越明显。稀土产业链上、中、下游阶段产品贸易网络呈小世界特征，在网络紧密程度上，中游混合稀土与稀土金属与下游稀土永磁产品明显高于上游稀土矿。

（2）除澳大利亚之外，上游稀土矿寡占指数演化总体呈下降趋势，中国的稀土矿出口受到国家政策影响，呈波动起伏的演化特征，总体仍在下降，在中下游稀土产品寡占指数方面具有绝对出口优势；中国的中介控制能力在稀土产业链上、中、下游环节都处于上升的状态，但美国、德国等国家（地区）是强有力的竞争对手；中国在中游稀土金属的出口方面较为单一，其他阶段的出口更加多元化，其他主要出口国如美国、德国也具有多元化的贸易优势。因此，中国应提升各环节尤其是上游稀土矿的中介控制能力，并在保持产业链中、下游阶段较高寡占竞争力的基础上，提升精细化产品加工能力，并朝贸易全球化的方向发展。

3.4.2 政策建议

基于以上分析，对稀土产业链不同产品贸易给出以下建议：

（1）当前对上游稀土出口相关管控政策减少了稀土矿出口额，中国稀土资源快速消耗，因此需要继续加强对稀土资源的保护，控制开采总量，做好稀土矿的资源储备。另外，澳大利亚稀土矿出口寡占指数处于第一位，全球主要稀土资源需求国家在越南、缅甸等其他国家陆续发现更多中重稀土资源，依托"一带一路"倡议，中国应积极参与全球稀土资源的勘探与开发，寻求国外相关企业合作，一方面促进稀土开发国际环境的良性发展，另一方面实现中国稀土资源的可持续发展与利用。

（2）对混合稀土与稀土金属类中游稀土资源来说，中国出口较多中游稀土产品到少量国家，因此，应加大力度对新工艺、新技术的投资，加强出口稀土产业链中的高附加值产品以发挥稀土产品的应用价值。中国具有完整独立的稀土产业链体系，但在中游冶炼分离、生产加工过程中，需注意这些活动给环境带来的损害以及治理需要的成本很高，因此要合理开发稀土资源，考虑开发前期的成本核算工作。

（3）对产业链下游稀土永磁来说，稀土永磁的出口竞争力占据绝对优势，但我国的劣势在于稀土高端材料研发和应用技术领域依赖进口，与美国、日本等西方发达国家具有较大差距，为防止在应用技术方面被"卡脖子"，应加强相关基础研究投入，提升相关产品的竞争力。

4 离子型稀土矿开采环境成本测算

4.1 开采技术类型

4.1.1 离子型稀土矿特点

离子型稀土资源是我国特有、世界关注的重要矿产资源，其中含有丰富的中重稀土，主要分布在江西、福建、广东、湖南、广西、云南、浙江南方七省。离子型稀土矿（也称风化壳淋积型稀土矿）矿床为裸露地面的风化花岗岩或火山岩风化壳，大多处于海拔小于 550 m、高差为 60~250 m 的丘陵地带，以平缓低山和水系发育为特征，矿床厚度一般为 8~10 m；其品位一般为含 REO 0.05%~0.3%，且 50% 以上的稀土集中于占原矿重量 24%~32% 的 -0.78 mm 的矿粒中；矿床的纵向品位具有上贫、中富、下又贫的规律。在该类矿床中，稀土以水合阳离子或羟基水合阳离子形式吸附在黏土矿物上，具有配分齐全、高附加值元素含量高、放射性比度低、高科技应用元素多、综合利用价值大等特点。

离子型稀土矿的主要地质赋存类型包括全复式与裸脚式两种，但以全复式为主。就离子型稀土矿中稀土的赋存状态来看，以羟基水合阳离子、水合阳离子形式存在的稀土元素占总量的 70%~90%，此部分稀土又被称为离子型稀土；其他稀土元素主要以胶态相、水溶相、矿物相等形式存在。稀土配分有规律的变化：呈轻-中-重三大类型，即以寻乌矿为代表的轻稀土型、以定南矿为代表的富铈中钇型和以龙南矿为代表的高钇型稀土矿。

由于离子型稀土矿赋存条件差，稀土元素呈离子态吸附于土壤中，具有分布散、丰度低的特点，规模化工业性开采难度大。离子型稀土矿中所含的矿物相稀土相对较少，而稀土元素在矿产资源内的赋存形式也较为特殊，其赋存形式决定了离子型稀土矿生产工艺不同于一般的金属矿开采工艺，无法采用重选、磁选或浮选选矿方法，而需采用电解质离子交换化学选矿法。通过浸出的方式，能够较好的回收离子型稀土矿中的稀土。

4.1.2 浸矿工艺技术发展历程

江西离子型稀土矿山开采及其分离冶炼工艺技术研究持续列入国家"六五"至"十五"重点科技攻关计划，形成了池浸、堆浸、原地浸矿三阶段工艺发展历程。

4.1.2.1 池浸

离子型稀土第一代开采工艺是异地提取工艺，即池浸工艺。池浸工艺始于 1970 年江西省地质局 908 大队与赣州有色冶金研究所（原江西有色冶金研究所）的科技攻关，到了 20 世纪 70 年代中期，已实现工业化生产。从 1970~1989 年的近二十年期间是离子型稀土研究和开发的高峰时期，生产中主要采用池浸工艺。该工艺是将采集的稀土矿石先经筛分，然后堆积在浸矿池搭建的滤层上，用 7% 的氯化钠作浸取剂将稀土浸出；浸矿池面积约为 12 m^2；装矿高度为 1~1.5 m，池浸的周期约为 5 d。

伴随着工业规模化、市场经济化和生产环保化，池浸法的缺点日益显现：

（1）生态破坏大。为了挖掘高丰度的全风化层稀土需大量地剥离矿山表层，严重破坏了矿区的地形地貌。据资料统计，每生产 1 t 氧化稀土，需开采的地表面积达 200~800 m^2，造成表土和植被严重破坏和水土流失植被破坏面积为 160~200 m^2，池浸完成后产生的尾砂量达 1000~1600 m^3，剥离物使土壤理化功能严重破坏，尾砂和浸取废液的随意堆排，梅雨时节在雨水冲刷下致使浸取剂及溶出的重金属流入周边农田及水体，每年矿区土壤沙化及水土流失量为 1200 万立方米，造成严重的环境污染和巨大的经济损失。

（2）资源利用率不高。该工艺生产时往往"采富弃贫"，资源利用率低，有时为了降低成本，将浸取池建立在山腰位置，产生的剥离物和尾砂就近堆放在山腰下方，导致大面积赋存资源矿块被压占，这部分资源也就无法开采利用。据资料统计，每生产 1 t 氧化稀土，需要消耗矿石为 1200~2000 t，资源利用率 25%~40%。

（3）环境污染严重。用氯化钠浸矿时残留的氯离子对环境影响大，每生产 1 t 氧化稀土，需要消耗浸矿废液为 1000~1200 m^3（废液成分以浸取剂、重金属、草酸等为主）。用草酸沉淀稀土时，钠离子大量共生沉淀，使产品纯度降低，且草酸具有毒性等。

4.1.2.2 堆浸

堆浸工艺是池浸工艺的升级版，20 世纪 80 年代，堆浸法开始应用于离子型稀土的开采，其原理与池浸类似，不同之处是将矿石放入堆浸场中将稀土浸出，并开始使用硫酸铵替代氯化钠作为新的浸矿剂。堆浸与池浸相比，回收率提高了 10%~20%，成本降低了 20%~25%。

虽然通过使用大型机械设备提高了生产效率，缩短了生产周期，降低了生产成本，但其剥离表土、开挖矿体、筑堆浸矿的工序没变，因而对环境的影响与第一代工艺相比更严重，产生更多的尾砂和表土剥离物，对矿山生态破坏性更大。据统计，每生产 1 t 稀土产品，会产生 1200~1500 m^3 尾矿及剥离物，由于"采富弃贫""采易弃难"造成资源浪费，稀土资源的利用率仍然不高。

4.1.2.3 原地浸矿

为了弥补堆浸工艺的不足，使离子型稀土开发提取符合绿色环保要求，赣州有色冶金研究所等研发出了原地浸出工艺。离子型稀土矿原地浸取生产工艺只需较少破坏矿体地表植被，不剥离表土，直接在矿山上布置浸取剂注入孔和交换液收集孔，通过注入硫酸铵浸取剂，从集液沟内收集稀土母液，最后用草酸或碳酸氢铵沉淀。

原地浸矿是离子型稀土开采的第三代工艺，被认为是离子型稀土开采的绿色工艺，它彻底革除了池浸和堆浸大规模开挖山体的弊端，仅需将开采区域划分为不同的矿块，然后布设注液井及浸取母液收集巷道，减轻了对山体地貌和生态植被的破坏。但在原地浸矿过程中，由于收集系统不完善、防渗层渗漏、毛细管作用等原因，导致开采过程中会有部分氨氮泄漏进入矿区，从而使矿区周边水体与土壤中积累了大量的氮化物，地下水可能受到污染。浸取剂与稀土离子发生置换反应后，硫酸根离子则留在矿体内部，硫酸根离子会改变土壤的理化性质，并对土壤中的重金属离子的迁移转化产生影响。同时，持续的注液破坏了土壤的黏结性，降低了矿体内部各层间的内摩擦力，使滑动面的抗剪切力大大减弱，引发山体滑坡。原地浸矿工艺流程如图 4-1 所示。

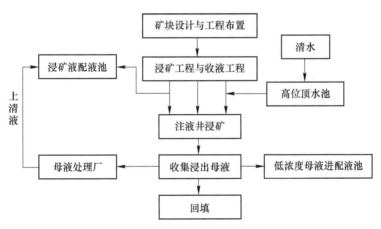

图 4-1　原地浸矿工艺流程图

结合离子型稀土矿的浸出工艺发展来看，浸矿剂的更新和浸矿方式的优化为稀土浸出率的提升提供了保障。目前有研究提出了加助浸剂的策略，并选取田菁胶（一种天然多糖类高分子物质）作为助浸剂，对于低品位离子型稀土矿的浸出过程，具有较好的促进作用，同时相较于单一的浸矿剂，复合浸矿剂的浸出效果更优，具有一定的推广价值。浸矿方式的优化方面，有研究提出了开发离子型稀土矿柱浸的策略，柱浸工艺降低了浸出液中杂质的浓度，提高了浸出的质量与效率。

4.1.3 萃取分离技术现状

目前稀土元素的分离提纯方法主要是液-液萃取和固-液萃取，稀土萃取分离技术主要有溶剂萃取法、超临界流体萃取法、离子液体萃取法、萃取色层法、液膜萃取法、离子交换法等。而实际在工业上应用较为广泛的为溶剂萃取法，其他方法还在试验阶段。

（1）溶剂萃取法。溶剂萃取法是在含欲分离物质的水溶液中加入与水不混溶的有机溶剂，利用有机溶剂中所含的萃取剂的作用，使水溶液中某个组分进入有机相，从而与其他组份分离。现在稀土分离生产上基本上采用模糊联动萃取分离，此方法又称萃取预分离法，即在分离过程中，将原料中的一个或几个元素（一个组分）的部分分离出去，实现用少数几级萃取，对多组分原料中的元素预先粗分离后，再流入分馏萃取工艺进行相邻元素间的细分离。

（2）超临界流体萃取法。超临界流体萃取就是利用物质处于超临界状态下在超临界流体中溶解度发生改变，通过调节温度和压力使超临界流体密度发生改变，从而将各个物质进行萃取分离。对于镧系元素的提取，相较于传统的离子交换、溶剂萃取法，超临界流体萃取技术不易产生二次废液，且提取程序简单、高效。

（3）离子液体萃取法。离子液体萃取与溶剂萃取法类似，以阳离子交换剂与稀土离子之间的可逆性化学反应为基本原理，实现稀土元素的提纯。离子液体是一种在室温或附近温度下由阴、阳离子构成的液态有机化合物，与传统溶剂萃取法中的有机萃取剂相比，离子液体具有蒸气压可忽略、溶解性能好、电导率高、热稳定性高、不易燃烧等优点，在萃取体系时既是溶剂又是萃取剂。但是，离子液体进行萃取稀土研究大多数仍处于实验室阶段。

（4）萃取色层法。萃取色层法是把含有萃取剂的载体（萃淋树脂或浸渍树脂）作为固定相代替离子交换树脂装入色层柱内；然后把要被萃取的复合稀土溶液负载在载体中；最后用一些无机酸或盐溶液不断的淋洗柱子，在反复淋洗过程中，就会形成以一定速度沿着柱子移动的若干吸附带，最后每个单元都因一些萃取差异而被分离出来。萃取色层法结合了离子交换法和溶剂萃取法的优势，其操作类似于离子交换法，但是同时又具备溶剂萃取法的高生产、分离效率和离子交换法的高选择性的优点。

（5）液膜分离法。液膜分离法为一种新型的分离技术，其基本原理为模拟生物膜的输送过程实现稀土的分离。液膜萃取法是利用液膜的选择透过性来实现分离作用的，液膜为悬浮在液体中的一层液态膜，具有一定的结构稳定性，属于液-液萃取范畴。在稀土离子浓度很低的情况下，溶剂萃取等传统方法被认为是无效的，此时液膜萃取法则可视为提取稀土元素的替代性分离技术。

4.2 开采环境影响分析

4.2.1 环境影响因素

离子型稀土的开采工艺先后经过池浸、堆浸和原地浸矿三代开采工艺。2012年 7 月 26 日，工业和信息化部公布了《稀土行业准入条件》，要求离子型稀土矿开发应采用原地浸矿等适合资源和环境保护要求的生产工艺。原地浸矿工艺的特点是不需剥离表土和开挖矿体，直接在山体表面布置浸取剂注入孔，通过注入硫酸铵浸取剂溶液，其铵根离子与稀土离子发生交换反应，注入清水后形成浸出液，浸出液通过山脚处的积液沟或收液巷道汇集到母液池，最后用草酸或碳酸氢铵沉淀得到稀土水化物。虽然原地浸矿工艺是目前较为环保的开采工艺，但仍会造成一定的环境污染和生态破坏，影响和制约我国稀土行业的可持续发展。原地浸矿生产工艺造成的环境影响主要来自注液井布置造成的植被破坏、采场滑坡塌陷以及溶浸液渗漏地下造成的地下水污染等方面。

（1）水资源的污染。离子型稀土矿开采所采用的浸取剂，原地浸出工艺均采用硫酸铵溶液。因此对于离子吸附型稀土矿开采来说，主要的水环境污染包括：原地浸矿采空区残留在矿体中的氨氮对地表水体的污染及原地浸矿采场母液泄漏对地下水和地表水的污染。浸矿过程土壤中氮化物主要以铵态氮形式存在，说明铵态氮是导致稀土矿区土壤污染和水环境污染的主要原因，残留于山体中的硫酸铵会通过淋滤作用和渗透作用污染矿区及周边环境的土壤、地表水和地下水。

在稀土开采过程中，由于防护措施不完善等原因，部分母液在井道中会发生侧漏和泄漏，会有大量浸矿液体进入矿区土壤、地表水和地下水中，在雨水的冲刷和淋滤作用下，这些含氮污染物会向深层土壤迁移和转化。

（2）大气的污染。生产期的大气环境污染源主要是原地浸矿采场进行注液孔、收液系统等工程建设时产生的无组织排放扬尘、松散物料装卸产生的扬尘和物料运输产生的粉尘。稀土开采过程对碳排放的影响，矿区植被不仅本身含碳量高，具有较强的固碳作用，而稀土开采与利用不仅将埋藏于地下的碳元素释放到大气中，还破坏了矿区的植被，减少了对碳元素的吸收，进一步促进碳排放。碳排放的变化将直接或间接影响和改变土壤植被初级生产力以及碳循环的时空分布格局。

（3）固体废物废渣污染。固体废物废渣包括注液孔产生的岩土、收液巷道掘进产生的弃土、母液处理车间渣头渣、废水处理产生污泥及生活垃圾。大量弃土废渣通常仅堆积在排土场和矿渣池中，不能有效处理或超过池体容量，则在南方长时间、大范围的梅雨季节时，就很容易形成泥石流，给矿山及其下游地区造成极大危害。开采后地质结构疏松的矿山在雨水淋溶和冲刷下，也存在山体坍塌、滑坡危险。

（4）生态破坏。原地浸矿工艺，与池浸、堆浸工艺相比对生态破坏很小，其主要影响包括：

1）对矿区植被仍有较大破坏。原地浸矿工艺需破坏矿区山体地面约 1/3 的植被用以配备足够数量的注液井和集液沟，开挖注液井、集液沟、工作平台等需要开挖、占用土地，造成林地、农田、草场的减少破坏，致使原有生态价值和生态功能的损失，设施建设将使被占用土地利用类型、地貌形态、生态景观类型与格局发生改变；同时硫酸铵溶液长时间地浸泡山体，会通过侧渗和毛细管作用损坏地表植被。由于南方高温多雨，稀土矿区裸露的土壤受到降雨的淋洗，易造成土壤侵蚀，使养分和有机质流失，导致矿区大面积的土地退化直至荒漠化。

2）局部地表土壤产生扰动，短期内会造成水土流失。矿区可能发生山体滑坡和泥石流等地质灾害。直接注入矿体的浸取液会使山坡发生裂缝，加之稀土矿体赋存于渗透性较好的风化壳中，当注液井设计或施工不当、生产管理不到位或遇到长时间、大范围的降雨时，矿山边坡极易产生滑坡，滑坡产生的泥石流对矿区环境造成污染，大面积的滑坡有可能对整个矿区生态环境造成严重破坏，并且危及人们生命财产安全。

3）离子型稀土矿早期开采的历史遗留废弃地（包括池浸采场、堆浸场、池浸场、尾砂场、渣库等）生态恢复困难，有的采取简易植被恢复，有的未进行生态恢复，但总体恢复效果差，植被覆盖率不高，水土流失严重。

4.2.2 环境治理措施

（1）地表水防控措施。

1）采场清污分流。内部设避水沟，外部设排水沟从源头上进行清污分流，减少原地浸矿采场母液产生量，从而减少了渗漏母液的量；原地浸矿采场内设避水沟、周边设排水沟等清污分流措施，最大限度防止地表水进入收液系统。母液处理车间采取清污分流措施，防止清水进入池内。

2）再生母液利用。母液处理环节产生的沉淀池上清液、压滤车间压滤废水等全部回收利用，正常情况下矿山生产废水不外排。沉淀池溢流水和压滤机压滤废水收集进入回收池，调节 pH 值和硫酸铵浓度后，将其输送到高位池当作浸矿液重复利用，不外排。裸脚式离子稀土原地浸矿采场采用覆盖全矿体的导流孔+收液沟+收液井三级母液收集系统。全覆式离子稀土原地浸矿采场采用收液巷道和导流孔+收液沟+收液井三级母液收集系统。

3）采场清洗尾水处理利用。原地浸矿采场尾水（清洗液）收集后，采用

"石灰沉淀+生化组合+氧化水处理"工艺处理,经中间水池缓冲后自流至组合生化池中进行生物处理,再经氧化处理,氨氮浓度小于 15 mg/L 后回用作矿山清洗用水。

4）地表水监测。对尾水水质进行监测,直至尾水水质达到排放标准时,停止尾水的收集处理。

（2）地下水污染防治措施。

1）浸矿结束后清水清洗。为加快原地浸矿采场土壤吸附氨氮的解析,缩短土壤吸附氨氮解析时间,土壤氨氮量尽快回到采前水平,利用注液工程加注清水清洗。

2）采选场防渗措施。原地浸矿采场收液巷道、导流孔等所有巷道和导流孔的底板均采用水泥浆进行防渗处理。收液沟、高位池、集液池、母液处理车间母液集中池、除杂池、沉淀池、配药池、配液池、事故池、收液沟等母液收集与储存工程均采用 HDPE 膜进行防渗处理,渗透系数不大于 10~12 cm/s。

3）采取地下水长期监测措施。由原地浸矿采场地下水长期动态观测网、母液处理车间地下水长期动态观测网和矿区下游地下水长期动态观测网组成的矿区地下水长期动态观测网,以掌握原地浸矿区域及周边地下水的水质变化情况,并针对不同变化采取相应的措施。

（3）大气环境防治措施。生产期的大气环境污染源主要是原地浸矿采场进行注液孔、收液系统等工程建设时产生的无组织排放扬尘、松散物料装卸产生的扬尘和物料运输产生的粉尘。松散物料运输采用密闭车辆运输；松散物料的装卸进行洒水,使物料保持一定的湿度；露天临时堆放松散物料时表面需进行遮盖。

（4）固体废弃物防治措施。收液巷道掘进产生的弃土,临时堆存在原地浸矿采场附近的凹地,最终回填到收液巷道中,剩余的弃土用于原地浸矿采场收液池,母液中转池和母液处理车间的填埋用土,部分进行生态恢复。废水处理产生污泥送环保股份有限公司进行处理。污泥袋装暂存在污泥堆存仓库,定期外运。生活垃圾集中收集后定期运至当地环卫部门指定场所统一处理。注液孔和收液巷道的弃土选择合适的位置进行临时堆存,以便以后回填,部分采取生态恢复措施。母液处理车间的表土剥离后于附近堆存,可待矿山生产完成后再用于复垦。

（5）生态修复措施。

1）工程治理。离子型稀土矿开采完毕后,矿区的生态环境较为恶劣,须对稀土废弃地进行土地整理、建设排水系统和采用其他工程措施,为后期植被恢复创造条件。土地整理需要与排水系统工程相配合,而排水系统工程的设计应结合地形地貌,合理布局排水管道,既要满足后期植被生长对水分的需求,又要避免遭遇长时间、高强度降雨时，稀土矿区出现大面积的洪涝灾害，要能够经受住梅雨季节的考验，避免山体滑坡和泥石流等地质灾害的发生。

2）土壤改良。土壤改良的措施可以分为物理改良措施和化学改良措施。物理改良主要指表土保护利用和客土覆盖措施。表土保护利用是在离子型稀土矿开采前，将表层（30 cm）和亚层（30~60 cm）土壤取走加以保存，并尽量避免其结构受到破坏，减少其养分流失，待矿区生态修复时将其返回原地加以利用。客土覆盖是将结构良好、养分充足的异地熟土覆盖于待修复的稀土矿废弃地表面，直接改良废弃地土壤的理化性质。化学改良措施包括提高土壤肥力、降低重金属毒性、调节土壤 pH 值等方法。离子型稀土矿区土壤贫瘠，通过多次少量施加钾肥、磷肥等速效化肥和施用人畜粪便等缓释有机肥，可以改善土壤的养分状况，提高土壤的持水保肥性能，并可以利用有机质的螯合或络合作用降低重金属离子的毒性。湖泊沉积物、农作物秸秆、动物粪便、城市污泥均能很好地促进土壤营养提高和微生物的繁殖。根际微生物，如菌根真菌、根瘤菌及其组合可成为稀土矿区土壤修复的有力工具。

3）植被恢复。植被恢复方案应根据重建生态系统的功能设计目标来制定，但必须遵循植被的演替规律。在没有极端气候影响下，矿区植被可以在一个较长的时期内自然形成，其过程通常是：适应性物种的进入，土壤肥力的缓慢积累，结构的缓慢改善，毒性的缓慢下降，新的适应性物种的进入，新的环境条件形成，群落的形成。筛选出适应稀土矿区恶劣生境的耐性植物就成为决定植被恢复能否成功的关键问题。适应性植物的筛选应遵循如下原则和经验：尽可能选择当地的乡土植物种类，这样既适应当地的生态环境，又可避免外来生物的入侵；对于水土流失较快的区域，治理初期要选择生长快、萌芽力强的多年生草灌；选择对矿区土壤基质有改良作用的植物种类，如种植具有固氮能力的胡枝子、葛藤等豆科植物，既能改善土壤的质地、结构，又可增加土壤的养分；选择能够超富集重金属和稀土元素的植物，如铁芒萁能降低表层土壤的游离金属浓度，避免游离金属离子对其他植物种类生长的影响。

（6）污染事故防范措施。在生产期和清水清洗期时收液井失效的情况下，导致收液井中的地下水无法抽回，收液井失效造成地下水污染的情况，进而造成地表水的次生污染。原地浸矿采场收液井失效形成事故性排放，造成地下水污染。事故防范措施：母液处理车间除杂池和沉淀池采用多池交替使用方案，始终保持 1 个除杂池和 1 个沉淀池放空状态，作为应急事故池。在母液处理车间山脚低凹处设 1 个事故池。原地浸矿采场下游低洼处按流域设一定数量事故池，原则每个原地浸矿采场设 1 个。母液输送管线每隔一定距离，设置止回阀，在母液管线沿线每隔一定距离，在低洼处设置事故池，及时将事故池母液抽至母液处理车间利用。

4.3 环境成本测算理论

4.3.1 环境成本的概念

国外关于环境成本的研究始于 20 世纪 70 年代，比蒙斯 1971 年撰写的《控制污染的社会成本转换研究》成为起点，之后国外相关环保和统计机构对环境成本做出了界定（见表 4-1）。

表 4-1　国外机构环境成本界定

机　构	界　定
联合国统计署（1993 年发布《环境与经济综合核算体系》）	包括两方面：一是因自然资源数量消耗和质量减退而造成的自然资源价值的减少；二是环境保护方面的实际支出，即为了防止环境污染而发生的各种费用和为了改善环境恢复自然资源的数量和质量而发生的各种费用支出
美国环境总署（1995 年）	包括四个方面：（1）传统成本，如资本设备、材料、人工等；（2）潜在的隐藏成本（包含管制性环境成本、前期成本、后期成本、自愿性环境成本）；（3）或有成本；（4）形象与关系成本
联合国国际会计和报告标准政府间专家工作组会议（1998 年讨论并通过《环境会计和报告的立场公告》）	环境成本是指本着对环境负责的原则，为管理企业活动对环境造成的影响而采取或被要求采取措施的成本，以及因企业执行环境目标和要求所付出的其他成本
荷兰国家统计局（从 1979 年开始统计工业企业的环境成本）	企业为了防止对环境造成不利影响所采取行为的成本即环境成本，包括：（1）与环保投资有关的资本成本；（2）与环保有关的持续经营成本；（3）与环保有关的研究与开发成本；（4）与环保有关的管理与协调成本；（5）原材料成本；（6）土壤污染的清理成本；（7）低硫燃料的附加成本
加拿大特许会计师协会（1993 年发表研究报告《环境成本与负债会计与财务报告问题》）	（1）环境措施成本：企业与进行环境保护措施相关的成本，而所谓环境措施指为防止减少或修复对环境的破坏或保护再生或非再生资源而采取的行动；（2）环境损失成本：在环境方面发生的没有任何回报和利益的成本
日本环境省（颁布 2000 年版《环境会计系统应用的指导准则》）	环境保全成本是企业为环境保全而付出的投资和费用，其中环境保全是指对企业造成的环境不利影响采取降低环境负荷的一种环境保护活动，包括地球环境的保护、环境公害的预防、自然资源消耗的节约及回收再利用活动等

国内关于环境成本的研究起步于 20 世纪 90 年代初期，以葛家澍教授发表的《九十年代西方会计理论的一个新思潮——绿色会计理论》为代表。国内学者从不同立足点界定环境成本，可以大致归纳为微观环境成本和宏观环境成本。

（1）微观环境成本。微观环境成本是站在企业的角度，借鉴经济学观点把环境成本定义成企业与环境相关的成本，具体来说，微观环境成本分为微观财务成本和微观经济成本。

1）微观财务成本。它是企业所承担的与环境相关的直接或间接支出，包括：环境预防和维护发展成本、环境治理成本、遵循环境法规而导致的成本、其他与环境相关的支出。与微观财务成本相对应的是内部环境成本概念，微观财务成本费用可以纳入目前的会计系统，并分配到产品中去或作为期间费用抵减企业当期的利润。

2）微观经济成本。它是企业的生产经营活动对社会环境造成的经济损失的总和，其实质是企业活动对环境的影响。微观经济成本既包括货币性损失，也包括非货币性损失。与微观经济成本相对应的概念是外部环境成本，是由企业经济活动所致，但由于各种原因而未由本企业承担的不良环境后果。外部环境成本内部化就是对环境外部成本进行估价，并将它们内化到生产和消费商品与服务的成本中，如可交易许可证。

（2）宏观环境成本。宏观环境成本观念是从整个社会的角度来定义环境成本。它是社会经济活动而造成的整个社会经济资源的损失，包括自然资源的耗费、生态环境的恶化、人民健康和生活质量的降低、用于环境保护和治理而耗费的货币性支和非货币性的人力、物力。宏观环境成本与微观环境成本密切相关，宏观环境成本是由各组织中的微观环境成本所构成的。从数量上，宏观环境成本应当接近但不会等于该社会所有组织的微观环境成本的总和。

4.3.2　环境成本测算方法

环境经济成本的计量方法甚多，存在不同的分类方法，不同的使用条件成本计量也有所不同。国际上主要将环境成本分为三类：（1）以污染物造成损害的价值作为计量基础，如欧盟的影响半径法（Bickel and Friedrich，2005）；（2）以污染的清除与损失弥补成本作为计量基础；（3）以污染预防的成本作为计量基础（李虹和董亮，2011）。根据计量方法的不同，测算环境成本的主要方法有以下几种：

4.3.2.1　直接市场法

直接市场法是直接运用货币价格来观察和度量因环境质量变动造成的经济损失，无论是宏观层面还是微观层面的环境成本，直接市场法是一种比较好的量化方法。具体包括以下几个方法：

（1）生产率变动法。即以环境质量导致的生产率和生产成本的变化作为环境成本，这种方法把环境质量看作一个生产要素，环境质量的变化导致生产率和生产成本的变化，从而导致产品价格和产量的变化。

（2）人力资本法。由于环境污染而引起过早死亡、疾病发生的成本，通常通过收入损失的折现来加以计算。

（3）机会成本法。机会成本是因保护环境资源而放弃开发项目而损失的收益预防性支出法，即人们为了避免环境危害而发生的支出。

（4）维持费用法。维持费用是指为维持环境质量与数量在特定水平所需要的费用。

（5）恢复费用法。将环境恢复到没有降级之前的水平所需要耗费的支出作为环境成本。

（6）置换成本法。由于环境危害而损坏的生产性物质资产的重新购置费用。

（7）影子价格法。当原有环境恶化在技术上无法恢复或恢复成本过高，可以设计一个原有环境质量的替代品，以使环境质量对经济发展和人民生活水平的影响不变，该影子项目的成本就是环境成本。

4.3.2.2 替代市场法

当环境物品的价值没有市场价格的参考时，用替代物的市场价值来计算环境成本。具体包括资产价值法、旅行费用法、工资差额法、后果阻止法等。

（1）资产价值法。把环境质量看作是影响资产价值的一个因素，当影响资产价值的其他因素不变时，以环境质量恶化引起资产价值的变化额来估计环境污染所造成的经济损失。

（2）旅行费用法。旅行费用法适用于估算没有市场价格的环境资源价值，通过旅游者消费这些环境商品或服务所获得的效益来评价环境损益价值。

（3）工资差额法。劳动者从事环境污染严重的工作时，厂商从工资、工时、休假等方面对劳动者损失而给予的补偿。

（4）后果阻止法。当环境污染严重且无法逆转时，通过增加投入或支出额来减轻或抵消因环境恶化而导致的后果。

4.3.2.3 意愿调查法

意愿调查法是一种基于调查的评估非市场物品和服务价值的方法，通过直接询问一组调查对象对减少环境危害的不同选择所愿意支付的价值来确定环境损失。这种方法依赖于人们的观点，而不是以市场行为作为依据，前提是被调查者愿意诚实地说出自己的支付意愿或受偿意愿。

以上关于环境经济成本的计量方法适合于环境污染、生态资源降级所导致的环境成本的计量。对于微观经济成本而言，环境造成的损失难以准确地计量，并且污染对社会环境造成的损害是多方面的，不可能进行全面的量度，在计量环境损失时，不可能考虑所有方面的损失，要将所有的损失加总就更为困难。因此对于环境经济成本的计量往往需要通过间接的方式，并且所计量的往往只是环境成本的某些方面。

4.4 赣南离子型稀土矿区环境成本分析

4.4.1 离子型稀土矿集区概况

本节以赣州稀土矿山整合项目（一期）项目定南 L 矿区作为案例，基于赣州稀土矿山整合项目（一期）已有的生产数据和目前生产现状，将矿集区内 12 个矿山为研究对象。

（1）地理位置与自然条件。赣州稀土矿山整合项目（一期）包括定南县下属 32 个稀土矿山整合为 12 个稀土矿山，简称 L 矿区。该矿区全部位于江西省定南县城约 2°方位 20 km 处，均位于岭北镇，矿区范围分布较为集中，中心位置地理坐标约为东经 115°04′09″；北纬 24°57′28″，矿区总面积约 86.4247 km²。矿区内交通以公路为主，南北向的信丰县小江镇—定南县城公路（小定公路）穿过矿区，北经小江可与京九铁路、赣粤高速公路、105 国道相通，南至定南可与京九铁路、赣粤高速公路相接，矿区均有简易公路与区内主要交通线相通，交通较为便利。

L 矿区属低山丘陵地貌，地势相对东南高、西北低，沟谷发育，海拔标高一般在 390~600 m，相对高差多在 50~150 m 之间，矿区侵蚀基准面绝对标高约为 190 m，矿山地形地貌简单，地形有利于自然排水，地层岩性单一，地质构造简单。

（2）地质资源。矿区均为离子型稀土资源，稀土元素主要呈离子吸附状态赋存于花岗岩风化壳内，为花岗岩风化壳离子吸附型重稀土矿床。风化壳离子吸附型稀土矿床全部位于当地侵蚀基准面以上，矿体沿山坡呈面型分布，矿体覆盖层较小，风化壳厚且松散，矿石呈松散土状，质地极疏松，稀土元素以离子状态吸附于次生黏土矿物之中，矿床水文地质条件属简单类型，因此适宜采用原地浸矿工艺进行开采。此矿区单一的稀土矿，无共生和伴生矿种，不存在矿产综合利用情况。据 2012 年勘探报告核实，矿区保有（122b+332+333+低品位 332+低品位 333）类资源储量：矿石量为 10265.07 万吨，TRE_2O_3（全相稀土）量为 87385.4 t，SRE_2O_3（离子相稀土）量为 62917.4 t。

（3）建设概况。根据资源状况、规模经营理念，项目建设离子吸附型稀土原地浸矿生产车间 26 个，矿山最终产品为稀土碳酸盐，预计销售当地的稀土分离企业。结合矿区的实际情况选择先进生产工艺，技术指标达到国内先进水平，对建设和生产过程中的废水、废气、废渣和粉尘进行综合治理，符合国家环保要求。

（4）环境治理。将离子型稀土矿开采过程分为三个阶段，分别是基建施工期、开采生产期和修复期，在不同时期针对不同的环境污染因素，需要分别采取措施进行处理。

1）基建施工期。施工期工程主要有母液处理车间的基建和首采矿块的原地浸矿采场的工程量，以形成第一年采矿条件。产生的主要环境问题有：母液处理车间产生的表土和原地浸矿首采矿块注液系统和收液系统形成的弃土；设施建设将使被占用土地利用类型、地貌形态、生态景观类型与格局发生改变；同时局部地表土壤产生扰动，短期内会造成水土流失。

施工期空气污染源主要为"三材"运输卸载产生的扬尘、临时物料堆场在大风气象条件下形成的风蚀扬尘、混凝土搅拌站产生的水泥粉尘、临时生活炉灶排放的烟气等，风蚀扬尘产生量与风力、含水率等因素有关，难以定量。施工期水污染源主要为施工设备冲洗废水和施工人员产生的生活污水，冲洗废水和生活污水量很小。

2）开采生产期。生产期间由于原地浸矿采场母液渗漏，污染了地下水，伴随着地下水的流动，引起地下水氨氮等浓度增加，造成水体污染，因此需要在地势低的地方建造污水处理站，对离子型稀土矿山产生的废水进行处理，达标后用于循环利用或直接排放。除杂池里的渣头在积存到一定量后，自流（或泵送）入渣头处理池，用硫酸调节 pH 值，使其中因除杂过程带出的少量稀土（以碳铵稀土形式存在）转为离子相进入上清液中，再自流（泵送）进入除杂池，进入除杂、沉淀过程，以回收其中稀土；处理后的渣头渣由专门的回收公司进行回收处理。

采用"边开采，边治理"的原则，原地浸矿采场、临时弃土场和表土堆存场等临时性占地可以在开采期进行大部分土壤和植被的复垦和恢复。

3）修复期。离子型稀土矿山母液处理车间和尾水处理车间建设的母液集中池、沉淀池和尾水处理池等，形成片状、点状的裸露面，均为永久性占地，母液处理车间和尾水处理车间等永久性占地需在矿山服务期满后进行覆土回填，回填后复垦为林地。为了保证草木的存活率和矿山土壤的恢复能力，需要对复垦的林地和草地进行养护，维护期间的养护能减少水土流失，更好地保护矿山生态环境。

4.4.2 离子型稀土开采环境成本测算模型

环境治理成本法主要是从"防护"的角度估算出治理所有污染物所需的成本，假设对所有造成环境污染排放的污染物都进行治理，从而消除污染使生态环境恢复至原始的状态，在其治理过程中需要的所有成本即作为环境成本的估算值，模型如下：

$$C = \sum_{i=1}^{n} C_i \times Q_i \tag{4-1}$$

式中，C 为总治理成本；C_i 为每种污染物的单位治理成本；Q_i 为污染物产生量；i 为污染物的类别。

　　该模型最初由过孝民、张慧勤等提出为解决环境费用效益分析问题，计算国民经济中的环境费用为环境规划和预测提供数据支持。杨金田、王金南通过计算各类污染物的治理成本系数来分摊各污染物的治理费用，从而估算出各种污染物的单位治理成本。於方等将环境治理成本法运用在稀土矿区，计算包头市的稀土开发成本。从社会效益和环境效益的角度，围绕稀土矿区的环境结构和社会冲突分析了稀土矿区采矿、处理、监测、回收等方面的环境成本。王爱云、李以科等以白云鄂博稀土矿区开发为例，采用的是环境成本治理法来计算环境破坏的虚拟治理成本，将冶炼过程中排放出的"三废"治理成本定量化、具体化。

　　本书基于环境治理成本法对离子型稀土开采环境污染治理成本进行测算，依据不同的污染因素及生态破坏形式分别计算出治理成本，基本公式如表 4-2 所示。

表 4-2　环境成本测算公式

类型	计算公式	说　明
水污染治理成本 C_W/万元·年$^{-1}$	$C_W = P_W \times Q_W \times \dfrac{U - U^*}{U^*}$	P_W 为污水处理站单位处理费用，元/m³；Q_W 为废水处理量，万立方米/年；U 和 U^* 分别为主要污染物的实际排放浓度和最高允许排放标准浓度，mg/L
土地复垦成本 C_L/万元	$C_L = P_{LY} \times S_{LY} + P_{LB} \times S_{LB} + P_{LM} \times S_{LM}$	P_{LY} 为原地浸矿采场土地复垦单位成本，元/m²；S_{LY} 为原地浸矿采场土地复垦总面积，m²；P_{LB} 为临时弃土场和表土堆存场土地复垦单位成本，元/m²；S_{LB} 为临时弃土场和表土堆存场土地复垦总面积，m²；P_{LM} 为母液处理车间和尾水处理车间土地复垦单位成本，元/m²；S_{LM} 为母液处理车间和尾水处理车间土地复垦总面积，m²
植被养护成本 C_V/万元	$C_V = P_V \times Q_V \times T$	P_V 为单位面积养护成本，元/(m²·年)；Q_V 为养护面积，m²；T 为养护期，年

4.4.3 环境成本测算结果

选取赣南地区 12 个离子型稀土矿山为研究对象，对其生产规模和水文地质进行考察，并收集矿山产生的废水量、废水中主要污染物浓度、土壤修复面积、植被养护等数据，计量其环境成本。

4.4.3.1 水污染治理成本

开采废水中主要污染物为氨氮，废水经过污水处理站处理后，水中氨氮浓度可达到《稀土工业污染物排放标准》（GB 26451—2011）规定的直接排放标准，因此，U^* 取值为 15 mg/L。参照龙南县矿产资源管理局提供的治理 1 t 废水需 4~6 元成本，综合项目具体生产条件情况，选取处理每吨废水的成本为 5.7 元。根据《赣州稀土矿业有限公司赣州稀土矿山整合项目（一期）环境影响报告书》中关于 12 个离子型稀土矿山水文地质条件，以及各矿山原地浸矿采场注液渗漏量和截渗井渗漏量确定出 Q_W。利用表 4-2 中水污染治理成本计算公式，计算结果见表 4-3。

表 4-3　水污染治理成本核算表

矿山名称	Q （年产量）/t	P_W /元·m⁻³	Q_W /万立方米·年⁻¹	U /mg·L⁻¹	C_W /万元·年⁻¹	C_W/Q /万元·(t·年)⁻¹
A1	600		10.62	543.75	2133.82	3.56
A2	537		9.41	660.43	2137.93	3.98
A3	600		10.59	724.61	2855.61	4.76
A4	423		7.45	519.78	1429.03	3.38
A5	389		6.88	561.52	1428.82	3.67
A6	100		1.77	595.37	390.36	3.90
A7	300	5.7	5.31	610.37	1201.34	4.00
A8	300		5.29	593.96	1163.83	3.88
A9	423		7.50	628.29	1747.87	4.13
A10	240		4.26	580.12	914.82	3.81
A11	150		2.65	559.73	548.54	3.66
A12	1920		22.86	546.79	4619.55	2.41
合计	5982		—	—	20571.52	3.76

由表 4-3 可知，A12 矿山水污染治理环境成本最高，A6 矿山水污染治理环境成本最低，说明矿山生产规模越大，水污染治理成本越高。从单位产量所需水污染治理环境成本看，12 个矿山的均值为 3.76 万元，即生产 1 t REO 所需的水污染治理成本约为 3.76 万元。A12 为裸脚式稀土矿山，单位成本最低（2.41 万元/

t），A1~A11 为全覆式稀土矿，水污染治理环境成本平均为 3.89 万元，主要原因是其水文地质和矿体赋存条件不同，浸矿剂渗漏量也不同，所产生的废水量存在差异。

4.4.3.2 土地复垦成本

离子型稀土矿山土地复垦主要是对原地浸矿采场、临时弃土场和表土堆存场、母液处理车间和尾水处理车间等先进行回填、表土覆盖的修复工程，后进行栽植乔木树种、撒草籽等草本修复。选取原地浸矿采场回填覆土和草本修复的总单价 P_{LY} 为 4.5 元/m²；临时弃土场和表土堆存场回填覆土和草本修复的总单价 P_{LB} 为 4 元/m²；母液处理车间和尾水处理车间回填覆土和草本修复的总单价 P_{LM} 为 15 元/m²。利用表 4-2 中土地复垦成本计算公式，计算结果见表 4-4。

表 4-4 土地复垦成本核算表

矿山名称	Q（年产量）/t	P_{LY} /元·m⁻²	S_{LY} /万平方米	P_{LB} /元·m⁻²	S_{LB} /万平方米	P_{LM} /元·m⁻²	S_{LM} /万平方米	C_L /万元	C_L/Q /万元·t⁻¹
A1	600		3.68		0.88		2.51	57.73	0.0962
A2	537		10.97		3.72		3.56	117.65	0.2191
A3	600		11.56		3.45		4.38	131.52	0.2192
A4	423		9.01		2.91		5.48	134.39	0.3177
A5	389		4.24		2.07		2.51	65.01	0.1671
A6	100		0.75		0.44		0.52	12.94	0.1294
A7	300	4.5	3.50	4	1.09	15	0.99	34.96	0.1165
A8	300		2.98		1.15		1.44	39.61	0.1320
A9	423		4.15		1.42		3.56	77.76	0.1838
A10	240		2.29		1.01		1.34	34.45	0.1435
A11	150		0.56		0.33		0.79	15.69	0.1046
A12	1920		11.22		0.41		13.07	248.18	0.1293
合计	5982		64.91		18.88		40.15	969.89	0.1621

由表 4-4 可知，A12 矿山土地复垦成本最高，A6 矿山土地复垦成本最低，说明矿山生产规模越大，占用土地面积越大，治理面积越大，土地复垦成本越高。每生产 1 t REO 所需土地复垦成本是 0.0962 万~0.3177 万元，均值为 0.1621 万元，由于各矿山的实际情况存在差异，复垦面积和成本也会存在差异。

4.4.3.3 植被养护成本

养护费用主要由人工费、水费、补植费及其他费用构成。按照矿山所在地的人工最低工资标准和补植等相关费用，参考园林绿化养护标准定额，选取养护成

本的单位面积价格 P_V 为 6.77 元/(平方米·年)，对各采场和车间在复垦后进行养护，养护期 T 均为 1 年，养护面积为上述各采场和车间的复垦面积之和，利用表 4-2 中植被养护成本计算公式，计算结果见表 4-5。

表 4-5　植被养护成本核算表

矿山名称	Q (年产量)/t	P_V /元·(平方米·年)$^{-1}$	Q_V /万平方米	C_V /万元	C_V/Q /万元·t^{-1}
A1	600		7.07	47.86	0.0798
A2	537		18.25	123.55	0.2301
A3	600		19.39	131.27	0.2188
A4	423		17.40	117.80	0.2785
A5	389		8.82	59.71	0.1535
A6	100		1.71	11.58	0.1158
A7	300	6.77	5.58	37.78	0.1259
A8	300		5.57	37.71	0.1257
A9	423		9.13	61.81	0.1461
A10	240		4.64	31.41	0.1309
A11	150		1.68	11.37	0.0758
A12	1920		24.70	167.22	0.0871
合计	5982		123.94	839.07	0.1403

由表 4-5 可知，每生产 1 t REO 所需植被养护成本是 0.0758 万~0.2785 万元，均值为 0.1403 万元，在相同生产规模下，植被养护成本也会存在偏差，例如 A1 和 A3 稀土矿，主要原因是各矿山采场和车间的土壤复垦面积存在差异。

4.4.3.4　结果分析

将上述水污染治理成本、土地复垦成本及植被养护成本汇总整理得出 12 个矿山在开采期所需环境成本，见表 4-6。

表 4-6　环境成本核算表

矿山名称	Q (年产量)/t	开采年限 T/年	C_W /万元·年$^{-1}$	C_L /万元	C_V /万元	C /万元	$C/(Q*T)$ /万元·t^{-1}
A1	600	14	2133.82	57.73	47.86	29979.07	3.5689
A2	537	17	2137.93	117.65	123.55	36586.01	4.0077
A3	600	21	2855.61	131.52	131.27	60230.60	4.7802
A4	423	11	1429.03	134.39	117.80	15971.52	3.4325
A5	389	7	1428.82	65.01	59.71	10126.46	3.7189

矿山名称	Q (年产量)/t	开采年限 T/年	C_W /万元·年$^{-1}$	C_L /万元	C_V /万元	C /万元	$C/(Q*T)$ /(万元·t^{-1})
A6	100	3	390.36	12.94	11.58	1195.60	3.9853
A7	300	6	1201.34	34.96	37.78	7280.78	4.0448
A8	300	6	1163.83	39.61	37.71	7060.30	3.9224
A9	423	11	1747.87	77.76	61.81	19366.14	4.1621
A10	240	8	914.82	34.45	31.41	7384.42	3.8461
A11	150	6	548.54	15.69	11.37	3318.30	3.6870
A12	1920	8	4619.55	248.18	167.22	37371.80	2.4331
合计	5982	—	20571.52	969.89	839.07	235871.00	3.6718

由表 4-6 可知，从整个矿区来看，A12 矿山环境成本最高，A6 矿山环境成本最低，说明矿山生产规模越大，环境成本越高。每生产 1 t REO 所需环境成本在 2.4331 万~4.7802 万元，均值为 3.6718 万元，由于各矿山的实际情况存在差异，在相同生产规模下，环境成本也存在偏差。

按照矿山服务期计划生产，每个矿山在投产第一年起开始支出水污染治理成本，依据土地复垦计划，即投产第 3 年起开始支出原地浸矿采场、临时弃土场和表土堆存场土地复垦成本，服务期满两年后进行母液处理车间和尾水处理车间土地复垦，复垦结束后一年进行植被养护，假设 12 个矿山同时开采，核算出整个矿区年度支出的环境成本，结果见表 4-7，同时绘制矿区年度环境成本曲线图，见图 4-2。

表 4-7   矿区环境成本年度核算表

时间	矿山												合计/万元
	A1	A2	A3	A4	A5	A6	A7	A8	A9	A10	A11	A12	
第 1 年	2133.82	2137.93	2855.61	1429.03	1428.82	390.36	1201.34	1163.83	1747.87	914.82	548.54	4619.55	20571.52
第 2 年	2133.82	2137.93	2855.61	1429.03	1428.82	390.36	1201.34	1163.83	1747.87	914.82	548.54	4619.55	20571.52
第 3 年	2135.36	2141.54	2859.85	1432.27	1434.92	391.94	1204.43	1169.14	1750.77	916.23	549.97	4627.45	20613.87
第 4 年	2137.32	2147.51	2864.44	1437.55	1441.45	3.62	1208.76	1175.56	1753.92	917.73	551.28	4637.27	20276.41
第 5 年	2136.99	2147.96	2862.50	1442.15	1438.29	2.46	1208.40	1172.02	1754.09	918.74	549.61	4634.45	20267.66
第 6 年	2137.44	2148.57	2864.12	1446.02	1439.70	2.17	1208.59	1169.74	1756.53	920.42	549.54	4636.14	20278.98
第 7 年	2137.55	2145.34	2862.40	1440.40	1436.77	2.14	7.49	5.86	1754.00	917.61	1.09	4635.62	17346.27
第 8 年	2137.67	2143.72	2863.67	1438.28	9.96	9.02	10.89	7.21	1752.55	918.55	1.45	4635.21	15928.18
第 9 年	2137.73	2146.35	2864.00	1436.18	8.10	3.52	22.84	23.36	1751.32	5.98	12.93	16.59	10428.90
第 10 年	2137.73	2147.69	2862.97	1436.36	2.80		6.70	9.75	1751.26	6.51	5.35	15.10	10382.22
第 11 年	2137.60	2148.23	2863.25	1438.12	1.52				1751.96	2.31		8.62	10351.61
第 12 年	2137.49	2146.35	2863.21	11.28	38.33				4.42	1.05		1.38	7203.51

续表4-7

时间	矿山												
	A1	A2	A3	A4	A5	A6	A7	A8	A9	A10	A11	A12	合计/万元
第13年	2137.74	2144.58	2863.76	15.20	16.99				4.88	20.57		196.39	7400.11
第14年	2137.82	2146.90	2863.68	13.68					3.81	9.07		88.48	7263.44
第15年	3.81	2151.85	2863.37	3.21					2.24				5024.48
第16年	3.19	2149.13	2863.51	85.65					54.55				5156.03
第17年	39.00	2147.77	2863.02	37.10					24.10				5110.99
第18年	16.99	12.21	2863.01										2892.21
第19年		9.63	2862.61										2872.24
第20年		3.30	2863.31										2866.61
第21年		2.46	2864.74										2867.20
第22年		54.96	9.20										64.16
第23年		24.10	8.94										33.04
第24年			70.17										70.17
第25年			29.65										29.65
合计/万元	29979.07	36586.01	60230.60	15971.52	10126.46	1195.60	7280.77	7060.30	19366.14	7384.42	3318.30	37371.80	235871.00

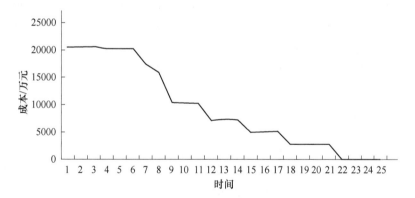

图4-2 矿区开采第1年至第25年的环境成本变化曲线

从图4-2可以看出,在矿区开采期及修复期间,环境成本的支出总体呈下降趋势,即在生产期间的环境成本支出较多,随着生产接近尾声,修复期间的环境成本是远低于开采生产期的环境成本,主要原因是水污染治理的环境成本占总环境成本的比重最大。

5 离子型稀土资源资产负债表编制

5.1 自然资源资产负债表总体框架

改革开放以来，随着经济社会的不断发展，资源环境与经济发展之间的矛盾日益突出。部分企业和地区片面追求经济利益和 GDP 总量，忽视了经济活动引起的自然资源过度损耗、环境污染、生态破坏等问题。国际通用的国民经济核算体系（SNA），只重视经济产值及其增加速度，未能揭示自然资源耗减及环境保护支出费用，也未能反映环境损害、生态破坏对于社会经济发展产生的负面影响，形成了经济的"空心化"现象，这将对国家（地区）的可持续发展产生不利影响。党的十八届三中全会发布的《中共中央关于全面深化改革若干重大问题的决定》中首次提出探索编制自然资源资产负债表，对领导干部实行自然资源资产离任审计及建立生态环境损害责任终身追究制。自然资源资产负债表的编制可以反映一定时期内自然资源的开发利用状况及其对生态环境的影响，为领导干部自然资源资产离任审计提供科学依据。

5.1.1 要素界定

自然资源资产负债表是基于自然资源与生态环境的存量、质量、流量等多方面数据所编制的一种统计报表，目的是反映某一地区的自然资源资产和生态环境保护等方面的现实状况，需要对自然环境、自然资源、环境污染和环境治理及保护等情况进行实物量和价值量统计。学术界普遍认为在资产负债表中存在着三个基本要素，即资产、负债以及所有者权益，关键是对"资产"和"负债"进行界定和评估。

（1）自然资源资产。陈艳利等强调自然资源资产是能够给权益主体带来经济效益和生态效益的自然资源，李慧霞认为只有那些同时满足国家或地区拥有所有权或完全控制权、已探明数量与规模并可用货币计量、能够开发利用使其进入社会生产过程且带来经济利益的自然资源才能被称作自然资源资产。在运营过程中可能会发生资产减值，姚霖认为，为了正确反映资源计量账实相符的实际情况，应该设置辅助账户"资产减值"来列示"资产减少"，与"自然资源负债"区分开，以体现自然资源合理损耗和不合理损耗之间的区别。资产减值是客观因素导致资产的可收回金额低于其账面价值，主观因素导致的资产减值损失一般列入营业外支出，故设置资产减值辅助账户来区分自然资源的合理损失和不合理损失是有必要的。

（2）自然资源负债。自然资源负债是结合当下我国面临的资源、环境与生态问题，对自然资源的不合理消耗利用与生态环境的损害进行估价，为领导干部自然资源资产离任审计提供重要依据。学者基于不同视角对自然资源负债的基本内涵展开了研究。基于环境会计视角定义自然资源负债是责任主体应付而未付的现时义务；以环境经济核算视角依据自然资源管理账户和环境保护支出账户探讨自然资源负债的内容；从政府治理视角出发认为自然资源负债是由于政府疏于监督和管理使自然资源发生不合理消耗，产生生态环境损害等；从可持续利用视角出发认为确定自然资源负债时应明确资源可持续利用与过度利用之间的界限。

总体来看，学术界对自然资源负债基本内涵的探讨尚存在争议，但主流观点是定义自然资源负债时不仅要考虑自然资源，还应纳入生态环境。

5.1.2 核算方法

5.1.2.1 自然资源资产核算

根据环境经济核算体系（SEEA 2012）和《试点方案》中提到的自然资源核算对象，即土地资源、林木资源、矿产资源和水资源确定为自然资源评估对象，基于不同评估对象和价值类型进行核实方法的选择以及相关计量参数的确定，具体见表5-1。

表5-1 自然资源资产核算类型与主要方法

资源类型	核算对象	核算方法	说明
土地资源	耕地、园地、林地、草地及湿地	收益还原法	估算土地每年未来预期收益并以一定的还原率折算为评估日期的收益
		生态价值当量因子法	将不同类型的生态系统服务归纳到几种常见类别中并生成一个当量因子，用这个因子将每种生态系统服务映射到单位面积，计算出对应价值
林木资源	处于生长过程以及参与经济过程的天然林木和人工林木	市场法	木材、果品等各种物质产品在市场上可以交易，获得交易价格信息后测算价值
		成本法	在培育人工林的过程中，测算投入的各项成本费用
矿产资源	能源资源、金属及非金属矿产资源	储量价值评估	评估一个国家或地区未开发利用的资源储量的潜在价值，是对以开发技术为前提的静态资源总量的测算

资源类型	核算对象	核算方法	说　明
矿产资源	能源资源、金属及非金属矿产资源	重置成本法	在现实条件下重新购置或建造一个全新状态的对象所需的全部成本减去其各项损耗来确定价值
		勘查投资效益系数法	利用勘查投资成本及投资效益系数评估矿业权价值
		生态价值估算法	采用生态环境补偿费替代矿产资源资产的生态价值，包括直接损失价值和间接损失价值
水资源	地下水资源和地表水资源	市场法	供水、提供水产品、发电和航运等在市场上的经济价值
		影子工程法	假设采用某项实际效果相近但实际上并未进行的工程，以该工程建造成本替代待评估对象成本

5.1.2.2　自然资源负债核算

自然资源负债核算包括实物量核算和价值量核算两部分。实物量核算是指对自然资源基本数量情况进行统计与汇总，随着勘测技术及遥感测量技术的成熟应用，能够全面、准确测量自然资源的具体分布情况，实物量统计数据相对完整。价值量核算是以实物量核算结果为基础，通过货币形式体现自然资源的存量及流量，自然资源负债价值量核算主要是采用市场价格法和成本法。

在自然资源负债实际核算中不仅要考虑自然资源过耗，还应考虑自然资源开发利用时导致的环境污染和生态系统功能减弱或丧失。不同资源的资源过耗核算方法有异，如土地资源是以土地开发利用超过合理消耗的部分及土壤质量下降的减值损失核算负债；水资源是以超过水资源开发利用控制红线与用水效率控制红线的开发利用量核算负债。环境污染选取废水、废气、二氧化碳、烟（粉）尘等各种排放物，重点核算各种污染物的产生量、去除量和排放量，并依据计算得到的排放量（排放量＝产生量－去除量）确定水环境及大气环境污染物负债，并采用污染物虚拟治理成本法进行负债价值量核算。生态系统破坏根据森林、湿地、草原生态服务系统能力减弱或者丧失来衡量，通过"期末量＝期初量＋变化量"等式确定负债。

5.1.3　平衡关系

围绕自然资源资产负债表的平衡公式主要有以下三种观点：

（1）"自然资源来源＝自然资源去向"。如果用"期初自然资源存量＋期内自然资源增量＝期内自然资源减量＋期末自然资源存量"四柱平衡关系来解释，等式左端为来源，等式右端为去向，这既是 SEEA 的逻辑，也是《试点方案》的要求。

（2）"资产＝负债＋所有者权益"。在这个平衡关系里，对"所有者权益"有着不同的表述方式，如"自然资本""净资产""权益净资产""资产与负债的差额"。如果将公式变形为"自然资源资产−自然资源负债＝自然资源净资产"，则表现在报表结构上就是自然资源资产变动表，相当于把自然资源负债视为"折旧"的性质，是资产的备抵；在报表设计上，左方是扣除负债的各部门（地区）的自然资源资产（使用），右方是具有权属关系的自然资源净资产（来源）。

（3）"自然资源资产＝自然资源权属"。"自然资源资产＝自然资源权属"是核算系统总平衡公式，它从理论层面解释了庞大自然资源资产负债核算的根基所在，是整个核算系统的最高层次的平衡关系。当自然资源负债纳入资产负债核算系统时，基本平衡公式就变形为"自然资源资产＝自然资源负债＋自然资源权益"。如果称"自然资源资产＝自然资源权属"为基本平衡公式，则"自然资源资产＝自然资源负债＋自然资源权益"就是应用平衡公式。即两个公式分别成为自然资源资产负债核算系统的平衡公式，不同的是，前者是从理论层面指导整个核算系统，后者是从操作层面统领整个核算系统。

5.1.4 报表体系与形式

5.1.4.1 报表体系

自然资源资产负债表编报体系一般从实物量和价值量两个维度全面反映某一地区或区域自然资源资产状况和负债情况。

实物量报表是由若干张仅包含实物量账户项目的特定报表所组成的报表系统的总称。这一系列报表以实物量指标描述了自然资源的基本状况，反映了特定区域内自然资源在核算期内期初期末的存量状况、核算期内所发生的变化，并尽可能展现导致存量变化的自然资源流量因素，主要包括基础状况报表和生态功能报表两大类。基础状况报表是反映某一区域报告期内自然资源的数量种类和分布等实物量信息，可以借鉴企业会计报表的复合报表形式来设置和编制。生态功能报表是以基础状况报表为前提来编制的，也就是根据基础状况报表所提供的自然资源基本实物量信息，通过进一步核算和计量得出的反映自然资源生态效益的拓展性实物量报表。生态功能报表很难按照会计上的四柱平衡公式来编制，目前只宜设置反映生态功能强弱及其变化情况的期初存量、期末存量和期间变化量三个大项。

价值量报表是在整个实物量报表系统基础上编制而成的、从价值量角度反映自然资源状况和生态功能强弱的自然资源资产负债表，价值量信息实质上是实物量信息通过市价法、替代法、工程法等一系列价值核算方法而转化形成的。

5.1.4.2 报表形式

自然资源资产负债表既可采用对称式，也可采用矩阵式。对称式报表左方列示自然资源资产项目，右方列示自然资源权属项目，栏目设置期初、期末，在栏目下分设实物量和价值量，如表5-2所示；矩阵式报表可采用SNA模式，主词栏是平衡公式的列示，宾词栏是有关部门（地区）的列示，纵横平衡，如表5-3所示。

表5-2 对称式自然资源资产负债表

自然资源资产	期初		期末		自然资源权属	期初		期末	
	实物量	价值量	实物量	价值量		实物量	价值量	实物量	价值量
一、A类资源					自然资源负债				
……					……				
合计					合计				
二、B类资源					自然资源权益				
……					……				
合计					合计				
总计					总计				

表5-3 矩阵式自然资源资产负债表

项目	甲部门（地区）				……	总计			
	期初		期末		……	期初		期末	
	实物量	价值量	实物量	价值量	……	实物量	价值量	实物量	价值量
一、自然资源资产									
（一）A类资源									
……									
（二）B类资源									
……									
合计									
二、自然资源负债									
（一）A类资源									
……									
（二）B类资源									
……									
合计									

项目	甲部门（地区）				……	总计			
	期初		期末		……	期初		期末	
	实物量	价值量	实物量	价值量	……	实物量	价值量	实物量	价值量
三、自然资源权益									
……									
总计									

　　自然资源资产变动表可采用多栏式，主词栏列示资源的种类，宾词栏根据"期初存量+期内增加量-期内减少量＝期末存量"的顺序排列，此表的期初数和期末数要与主表左侧一致；也可采用矩阵式，主词栏是平衡公式的列示，宾词栏是有关用途（去向）的列示。自然资源权属变动表格式与自然资源资产变动表相似。

　　根据复式记账法原理，为使平衡公式在账务处理过程中始终保持平衡，公式左端的账户结构要设置成"左增右减"，公式右端的账户结构设置成"右增左减"，期末结账时，凡左方有余额的账户皆属于等式左端，是资产类账户；凡右方有余额的账户皆属于等式右端，是权属类账户，两边的账户余额左右相等，公式成立。

5.2　矿产资源资产负债表核算要素与方法

　　矿产资源是由地质作用形成的具有利用价值的自然资源，关系国民经济命脉。矿产资源具有耗竭性、稀缺性和隐蔽性等特点，决定了矿产资源资产负债表编制主体、编制对象、编制模式和编制技术方法具有显著的复杂性。经济社会的发展对矿产资源消耗日益增加，致使存量不断减少，资源浪费和环境污染现象严重，呈现经济发展、环境污染和破坏性消耗并存的局面。编制矿产资源资产负债表能够准确把握经济主体对矿产资源的占有、使用、消耗、恢复和增值情况，全面反映经济发展的资源消耗、环境代价和生态效益，从而为环境与经济发展综合决策、政府生态环境绩效评估考核、生态环境损害补偿等提供重要依据。

5.2.1　编制框架

5.2.1.1　编制主体与对象
　　我国的矿产资源属于国家所有，管理主体是分属中央政府及地方政府的各自然资源管理部门。从理论角度来看，矿产资源资产负债表的编制主体应是我国行政辖区内矿产资源的使用者、受益者与受影响者。从可行性角度，由各级政府的各自然资源管理部门负责矿产资源资产负债表的统计、核算、编制工作较为合理。根据自然资源部新的职责要求，各级自然资源管理部门可根据各自职能和管理权限，编制不同种类的矿产资源资产负债表，以反映国家（或各地区）矿产资源资产、环境负债和权益及其结构变化状况，进而衡量国家（或各地区）矿产资源资产质量及其变化情况，以评估国家（或各地区）矿产资源资产的利用、管理绩效变化与总体经济社会政策影响的资源绩效变化。

一般情况下矿产资源按属性和用途划分为四大类，分别是能源矿产、金属矿产、非金属矿产及水气矿产。能源资源包括煤炭、石油和天然气，金属矿产包括铁矿、锰矿、铜矿等，非金属矿产包括自然硫、磷矿等。矿产资源储量的分类是编制矿产资源资产负债表的首要步骤，依据 SEEA（2012）的分类情况，具体见表 5-4。

表 5-4 矿产资源储量分类表

矿产资源	储量分类
已知矿床	商业可开采资源
	潜在的可开采资源
	非商业和其他已知的开采资源
潜在资源	已知矿床的原地附加矿量

SEEA 在矿产资源存量实物量核算时，将所有"已知"的矿产资源都算入了矿产资源资产范围，而在资产价值量核算时，主要核算的是"具有商业可采价值"的矿产资源。目前，我国自然资源资产负债表编制中，只涉及矿产资源实物量的统计，而没有进行价值量的核算，因此统计时没有严格区分矿产资源与资产的概念，只是按照现有固体矿产储量分类标准，将矿产资源"探明储量"和"潜在矿产"全部反映在矿产资源资产负债表中。

5.2.1.2 编制步骤

矿产资源资产负债表编制步骤思路应按三步走："先存量后流量，先实物后价值，先分类后综合"。具体步骤如下：

第一，确定编制对象。首先统计编制地区现有的矿产资源种类，在此基础上对资产负债表中的矿产资源资产和负债科目进行细分，依据产权确定情况界定矿产资源资产范畴，先分类再综合编制矿产资源资产负债表。

第二，矿产资源资产的确认和计量。根据编制地区矿产资源产权登记情况以及政府部门掌握的统计数据对矿产资源储量及增减变化量进行实物量计量统计，整理并填写实物量统计表；确定矿产资源实物量账户，包括存量、可能的实物增加量和资源实际损耗量；最后进行价值评估与货币衡量。根据编制的矿产资源实物量统计表将矿产资源资产和负债进行价值化处理，使用市场价格、评估价格、机会成本等技术综合判定存量和流量价值，获得价值量账户汇入最终的矿产资源资产负债表。整理后形成价值量统计表。

第三，矿产资源负债确定与计量。负债是由于核算主体以往的经营活动、意外事故或预期可能发生的事项导致资源的净损失，以及对环境、生态造成的影响，是核算主体未来将要发生的支出，包括资源耗减、环境损害与生态破坏三方面内容，表现在矿产资源过度消耗、环境损害与生态破坏等产生的使用成本与维护成本，并使用防护成本、恢复成本、市场评估等技术方法对负债进行有效计量，使各项负债要素在资产负债表中得到充分体现。

第四，填写报表。遵循"资产 − 负债 = 所有者权益"的恒等关系，列表采用"实物计量和价值计量"模式，包括填写依据、列报时间、信息披露原则与基本内容，全面揭示特定地区在既定时间内矿产资源存量、消耗与结余的实物和价值量信息。在已获得的矿产资源价值数据的基础上运用"资产−负债＝净资产"的恒等式对矿产资源资产、负债和净资产分别进行核算，编制形成矿产资源资产负债表。

5.2.1.3 编制内容

矿产资源资产负债表应该是包含资产负债总表、实物量统计表、价值量统计表和诸多底层信息统计表的综合体系。价值量统计表和实物量统计表应该是相互对应的，底层信息统计表主要描述的是不同类别矿产资源或者同一类别矿产资源的不同项目的相关信息，除此之外还对矿产资源开采和保护信息进行描述。

矿产资源资产负债表主表结构与普通资产负债表相似，也是遵循"资产＝负债+净资产"的恒等式在左右两栏分别设置"矿产资源资产"和"矿产资源负债"及"矿产资源净资产"。"矿产资源资产"和"矿产资源负债"都主要分为有形和无形两大类。无论是资产负债主表还是实物量统计表和价值量统计表，都需要反映各会计期间数据的变动情况，因此表内应该设置期初值、本期增加值、本期减少值和期末值。为了体现对矿产资源产权的确认，在实物量表和价值量表中还应根据矿产资源使用权主体性质进行分类，如国营、集体经营、私营等。

报表资产账户中主要有有形资产和无形资产两大类别。有形资产的下级科目大致有水气矿产资产、金属矿产资产、能源矿产资产和非金属矿产资产等，有形资产下属科目需要根据各种具体矿产资源的情况将其价值化后再填入报表；无形资产主要指探矿权和采矿权等无形权益，由于这部分权益有较明确的成本价格而且能够在市场中轻易获取交易价格，因此能够直接在报表中填入价值数据。

资源负债是由于核算主体以往的经营活动、意外事故或预期可能发生的事项导致资源的净损失，以及对环境、生态造成的影响，表现在矿产资源过度消耗、环境损害与生态破坏等产生的使用成本与维护成本，并使用防护成本、恢复成本、市场评估等技术方法对负债进行有效计量，负债账户具体可分为资源消耗、环境损害和生态破坏三个项目，由"资产＝负债＋所有者权益"的恒等式以及对应关系和资产权益归属的性质可知，所有者权益类账户包括实收资本账户、资本公积账户、盈余公积账户和未分配利润账户。具体报表形式见表5-5。

表 5-5　矿产资源资产负债表

资产	期初余额	期末余额	负债及所有者权益	期初余额	期末余额
一、有形资产			二、负债		
1. 能源矿产			1. 资源消耗（损耗）		
2. 金属矿产			2. 环境损害		
3. 非金属矿产			3. 生态破坏		
……			负债合计		
合计			三、所有者权益		
二、无形资产			1. 实收资本		
1. 探矿权资产			2. 资本公积		
2. 采矿权资产			3. 未分配利润		
合计			……		
资产合计			负债及所有者权益合计		

5.2.2　核算体系

5.2.2.1　核算要素

（1）资产。矿产资源资产是国家、政府和企业通过合法程序控制、管理和使用的并且能够带来预期经济收益的矿产资源实体以及探矿权、采矿权等无形权益。实现对矿产资源资产的确认需要综合考虑三方面要素。第一，明确矿产资源的所有权主体，要确保矿产资源在被控制、管理和使用等各阶段均有对应主体；第二，矿产资源的部分经济收益最终归于国家，各级政府对于辖区内的矿产资源能够进行可靠的核算；第三，矿产资源资产应能够被计量，由于矿产资源的特殊性以及目前技术水平的限制，并非一切矿产资源资产都能够以货币进行计量，通常对矿产资源资产采用实物量计量和价值量计量两种方法。

（2）负债。矿产资源负债即矿产资源所有权主体为恢复生态环境和治理资源开采活动造成的污染所应付出的成本。矿产资源负债的确认也需要考虑三方面要素。第一，在所有产权主体中应重视政府对其责任的履行，因为在矿产资源开采利用以及入市流通的各个阶段都需要有政府进行审批和监督，若在上述过程中出现了生态环境遭到破坏的现象，则政府应该为工作的疏忽或监管的缺位承担相应的责任；第二，政府应为承担责任支付相应对价，政府作为矿产资源的所有权主体获得了因此产生的经济利益，当生态环境同样因此遭受破坏的时候政府也应该承担相应的责任，为环境的污染和破坏承担经济收益流出的后果；第三，矿产资源负债能够被计量，无论是政府还是企业在承担责任时均应能够通过量化的标准进行计量，矿产资源所有权主体为了恢复和改良生态环境而支出的费用可以直接以货币进行计量，但对于生态环境造成的其他破坏必须首先通过适当的价值化方法进行估值核算。

（3）净资产部分。矿产资源净资产借鉴了会计中"资产-负债=净资产"恒等式这一传统理念，对政府而言矿产资源净资产即为矿产资源资产减去矿产资源负债后的剩余价值。理论上，当矿产资源资产和负债均得到全面准确的核算计量并且最终净资产为正值时才能反映出矿产资源的真实价值，且符合国家绿色可持续发展的理念。在现有条件下矿产资源的价值很多时候无法被量化，因此难以对矿产资源净资产账户再进一步予以细分，但可以通过对比不同时间段内矿产资源净资产数值衡量政府对矿产资源的利用行为是否符合国家生态环保的思路和要求。

5.2.2.2 核算内容

（1）实物量计量。实物量计量主要指的是对各类矿产资源在某一时间点的存量及某一时间段内的变化量进行统计核算，实物量统计数据是后期价值量信息的基础，只有在实物量统计信息可靠的前提下才能保证矿产资源价值化数据的准确。在矿产资源资产负债表中需要对各类矿产资源的期初存量、期末存量和当期变量进行核算计量，当期变量主要考虑当期消耗量、新探明储量等。

（2）价值量计量。由于矿产资源有气态、液态和固态等形态，因此仅凭实物量计量无法将所有矿产资源的价值以统一的标准反映到财务报表中，价值量计量的主要目的是解决矿产资源形态性质各异而导致的难以进行统一核算的问题。为了能够更好地为政府决策提供有效依据，在编制矿产资源资产负债表时需要综合实物量统计数据、矿产资源市场价格信息并运用适当的价值化方法来将所有矿产资源以货币形式反映出来。对矿产资源资产进行价值量计量时，对于能够直接进入市场的矿产资源可以参照一般商品直接以市价进行计量核算，而对于暂时无法获得交易市价或者交易市场有待完善的矿产资源可采用成本定价法或供求定价法等计量方法。除此之外，目前理论界讨论更多的是以能够产生的现金流进行折现的现值作为价值量计量的依据。对矿产资源负债进行价值量计量时，政府为恢复生态环境而支出的费用可以直接计量核算，但在开采过程中对环境造成的其他损害则需要选择合适的生态价值计量方法进行评估计量。

5.3　离子型稀土资源资产负债表编制应用

矿产资源作为自然资源的重要组成部分，是国民经济和社会发展的重要物质基础。近年来，我国政府高度重视对稀土资源的保护性开发利用，稀土资源在我国矿产资源中的战略性地位不容忽视。鉴于此，本书以赣南地区的离子型稀土资源为例，阐述了稀土资源资产负债表的编制方法，并结合实际编制了赣南地区某年度的离子型稀土资源资产负债表，旨在明晰地方所拥有的自然资源资产价值和所承担的生态环境负债，为我国实践矿产资源资产负债表的编制工作提供参考。

5.3.1 稀土资源资产负债表编制方法

5.3.1.1 编制技术路线

以政府为编制主体，借鉴会计资产负债表以 1 年为一个计算期，按照核算设计到实践编制的思路展开赣南地区离子型稀土资源资产负债表编制工作。赣南地区离子型稀土资源具有稀缺性和战略性的特点，在编制资产负债表时重点列示稀土资源的资产、负债和净资产（资产与负债差额）三项内容。依据封志明等（2014）提出自然资源资产负债表编制应遵循先实物后价值、先存量后流量和先分类后综合的技术原则。首先，建立资产和负债的实物量表，在此基础上，选取适宜的价值化评估方法，定量计算出价值量；其次，为了更好地反映资源的利用变化情况，分别对资产与负债的期初存量、期间变化量和期末存量进行核算；最后，填列表格，完成赣南离子型稀土资源资产负债表的编制，通过此表反映赣南地区离子型稀土资源某时点的资产负债状况。稀土资源资产负债表编制技术路线如图 5-1 所示。

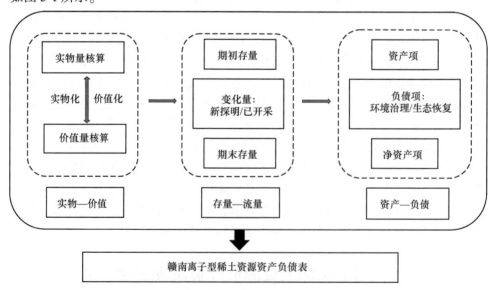

图 5-1 编制技术路线

5.3.1.2 核算体系设计

A 资产核算

关于矿产资源资产的定义，范振林（2014）强调它的经济属性，指出矿产资源能以货币计量的价值，是实物量的货币化。季曦和刘洋轩（2016）认为矿产资源资产是指由于过去的交易或者事项形成的、由政府辖区拥有或控制的预期未来能给政府带来经济收益的矿产资源。由此可见，资产核算时主要针对的是具有开采价值的资源，这部分资源必须是可计量的，可以成为现实生产要素并能产生经济价值。

（1）资产实物量核算是对稀土矿产资源储量进行核算，其中的储量是经济可采出的资源，不包括潜在资源和技术经济不可采资源，在核算年份开采利用的那部分储量为本期减少量，新探明的可采储量为本期增加量。实物量核算公式为：期末存量＝期初存量+本期增加量−本期减少量。

（2）资产价值量核算是对资产实物量进行价值化计量的过程，SEEA（2012）对于没有活跃交易市场的矿产资源价值量核算采用的是资源租金法，即预测资源租金的未来现金流入，折现后以资源租金的净现值估算其当前资产的价值。稀土资源相比石油、天然气类资源并没有完全活跃的交易市场，优势矿产资源的开发利用往往会受到政策的影响。因此，本书基于资源租金法对稀土资源资产价值量进行核算，计算公式如下：

$$V_t = \sum_{t=1}^{N} \frac{RR_t}{(1+r)^t} \tag{5-1}$$

式中，V_t 为稀土资源资产价值，万元；RR_t 为资源租金，万元；r 为折现率，%；N 为资源开采年限，年。

资源租金（RR_t）是资源开采者或使用者在扣除了所有的费用和正常回报后的应计剩余价值。未来每一期的资源租金可以认为是矿产资源的净价值减去生产资本的正常收益，计算公式如下：

$$RR_t = (P_t - C_t) \times Q_t - C_t \times Q_t \times i \tag{5-2}$$

式中，P_t 为稀土矿产品单位价格；C_t 为单位生产成本；Q_t 为第 t 期产量；i 为市场利率。

B 负债核算

从经济本质上看，自然资源负债是自然资源权益主体在某时点应当承担的现时义务，是对过去自然资源开发利用所造成的环境污染和破坏的一种生态价值补偿。稀土资源开发过程中会对土地利用、植被覆盖和水资源循环有一定的影响。赣南离子型稀土矿区采用原地浸矿工艺生产，在生产过程中仅有少量的表土被剥离，对植被的破坏极小，但仍不可避免对水和土壤环境带来污染损失。稀土资源负债核算内容包括环境治理费用和生态恢复费用。环境治理费用主要是为了防止水和土壤环境污染，维护生态环境所产生的污染治理费用；生态恢复费用是资源开采造成生态破坏，对土壤和植被进行修复所需要付出的成本。在核算矿产资源负债的价值量时，将各种环境破坏的实物量数据乘以相应单位治理成本，计算公式如下：

$$D_i = Q_i \times P_i \tag{5-3}$$

式中，D_i 为稀土资源负债价值量；Q_i 为环境损害实物量；P_i 为单位治理成本。

    C 净资产

企业编制传统资产负债表是根据会计核算恒等式"资产=负债+所有者权益"，矿产资源的产权归属国有，使初始投资、利润分配等明细项目难以衡量。因此，本书在资产负债表中采用净资产代替所有者权益，通过计算资产与负债的差额核算稀土资源净资产，在编报资源资产负债表期间，通过不同时期净资产值的比较直观反映资源净资产的变化趋势。

    D 资产负债率

从政府的角度看，资产负债率是开发矿产资源而引致的生态负债占总资产的比重，衡量的是政府进行资源开采活动对于生态系统的负外部性影响，也反映出生态系统受资源开采这一经济活动的保障程度，计算公式如下：

$$资产负债率 = \frac{负债总额}{资产总额} \times 100\% \tag{5-4}$$

如果负债占比越大，净资产的比重就越小，资产负债率越高，那么生态系统可持续的保障性越低，资源开采活动的不可持续性就越强。对于政府而言，资产负债率越高，意味着资源开采的生态风险就越大。

5.3.2 赣南离子型稀土矿区资产负债表

5.3.2.1 研究对象

本书选取赣南地区 12 个离子型稀土矿山为研究对象，通过查阅赣州稀土矿山整合项目（一期）可行性研究报告和环境影响报告书等资料，收集各矿山生产规模、地质勘察和环境成本等数据，对各个矿山的资产和负债进行核算，汇总完成赣南稀土资源资产负债表的编制，并计算出稀土资源资产负债率。

5.3.2.2 资产核算表

    A 实物量表

鉴于离子型稀土采矿方式采用原地浸矿开采工艺，期初存量采用离子型稀土可采储量数据，矿山开采的损失量不计，本期减少储量与当年开采利用量相同，且未出现新探明储量，期末存量即期初存量与本期减少量的差额，计算结果见表5-6。

表5-6 某年赣南离子型稀土资源资产实物量核算表

矿山名称	期初存量/t	本期增加量/t	本期减少量/t	期末存量/t
A1	10000.00	—	736.00	9264.00
A2	11925.40	—	658.72	11266.68
A3	15228.40	—	736.00	14492.40
A4	6599.20	—	518.88	6080.32
A5	3987.30	—	477.17	3510.13
A6	550.00	—	122.67	427.33
A7	2063.70	—	368.00	1695.70
A8	2159.00	—	368.00	1791.00
A9	6568.40	—	518.88	6049.52
A10	2769.60	—	294.40	2475.20
A11	1066.40	—	184.00	882.40
A12	21129.64	—	2208.00	18921.64
合计	84047.04	—	7190.72	76856.32

由表5-6可知，12个矿山离子型稀土资源期初存量为84047.04 t，本期开采减少量为7190.72 t，占期初存量的8.56%，期间并未新增可采储量，期末存量为76856.32 t。其中A12矿山的资源期初存量为21129.64 t，占总存量的25.14%，开采量达到2208 t，约是所有矿山开采量的1/3。

B 价值量表

利用式（5-2）计算出各矿山在开采年限内每一年的资源租金。考虑国家对稀土资源实行开采总量控制政策，各矿山的每年产量控制在指令生产计划指标之内，假设每年产量 Q_t 维持在一定规模不变。依据赣州稀土矿山整合项目（一期）可行性研究报告中的数据，生产成本 C_t 估算为10.5万元/t（以92%REO计），离子型稀土产品（92%REO）的单位价格 P_t 取核算当年的平均销售单价26万元/t，市场利率 i 取10%，各矿山稀土资源的可供开采年限和年产量如表5-7所示。

表5-7 矿山开采年限和年产量表

矿山名称	A1	A2	A3	A4	A5	A6	A7	A8	A9	A10	A11	A12
年限/年	14	19	21	13	9	5	6	6	13	10	6	10
产量/t	600	537	600	423	389	100	300	300	423	240	150	1920

注：产量值以折合92%混合稀土氧化物（REO）计算。

将各矿山每年的资源租金代入式（5-1）计算得出各矿山资产价值量，其中折现率 r 采用核算年份国家长期债券利率5%来代替，以近似地反映资金的时间价值，计算结果见表 5-8。

表 5-8 某年赣南离子型稀土资源资产价值量核算表

矿山名称	期初存量/万元	本期增加量/万元	本期减少量/万元	期末存量/万元
A1	85819.99	—	8257.31	77562.68
A2	93776.15	—	7390.29	86385.86
A3	111157.20	—	8257.31	102899.89
A4	57415.75	—	5821.40	51594.35
A5	39952.74	—	5353.49	34599.25
A6	6255.98	—	1376.22	4879.76
A7	22002.73	—	4128.65	17874.08
A8	22002.73	—	4128.65	17874.08
A9	57415.75	—	5821.40	51594.35
A10	26778.51	—	3302.92	23475.59
A11	11001.36	—	2064.33	8937.03
A12	214228.07	—	26423.39	187804.68
合计	747806.96	—	82325.36	665481.60

由表 5-8 可知，12 个矿山离子型稀土资源价值量期初存量为 747806.96 万元，当年减少量为 82325.36 万元，资产减少量约占期初存量的 11%，期末存量为 665481.60 万元。

C 负债核算表

（1）生态环境恢复。通过调查赣南地区 12 个离子型稀土矿山生态环境破坏情况，发现存在历史遗留废弃地治理问题。根据赣州稀土矿山整合项目（一期）生态恢复计划安排，各矿山废弃地生态恢复时间为 1~4 年不等，针对原地浸矿采空区、废弃母液处理车间、堆（池）浸废弃地三种类型废弃地分别采取了对应的恢复措施，治理单价分别为 1.5 万元/公顷、15 万元/公顷、19.5 万元/公顷。鉴于此，在核算出某年各矿山废弃地实物量的基础上，利用式（5-3）计算出生态恢复治理价值量，结果见表 5-9。

表 5-9 某年生态环境恢复治理实物量和价值量核算表

矿山名称	期初总量		本期减少量		期末总量	
	实物量/公顷	价值量/万元	实物量/公顷	价值量/万元	实物量/公顷	价值量/万元
A1	166.24	3227.28	43.20	828.00	123.04	2399.28
A2	279.34	2669.73	186.70	863.25	92.64	1806.48
A3	275.82	5335.29	74.60	1411.50	201.22	3923.79

矿山名称	期初总量		本期减少量		期末总量	
	实物量/公顷	价值量/万元	实物量/公顷	价值量/万元	实物量/公顷	价值量/万元
A4	80.66	996.33	53.83	473.15	26.83	523.18
A5	37.38	591.93	24.01	331.22	13.37	260.71
A6	12.12	221.94	12.12	221.94	0	0
A7	32.97	538.16	19.42	273.93	13.55	264.23
A8	65.72	1277.94	16.80	324.00	48.92	953.94
A9	142.22	2409.33	55.42	716.73	86.80	1692.60
A10	40.62	788.49	20.80	402.00	19.82	386.49
A11	0	0	0	0	0	0
A12	2155.25	10199.72	1768.35	2985.80	386.90	7213.92
合计	3288.33	28256.12	2275.25	8831.52	1013.08	19424.60

由表 5-9 可知，期初生态恢复总面积为 3288.33 公顷，期初价值量为 28256.12 万元；经过 1 年的治理，减少面积为 2275.25 公顷，期间减少价值量为 8831.52 万元，期末尚需治理面积为 1013.08 公顷，期末价值量为 19424.60 万元。

（2）环境污染治理。本书依据郑明贵和罗婷（2019）在赣南地区离子型稀土矿山水环境和土壤环境成本量化研究中的结论，采用稀土矿在不同生产规模下的环境成本速查表计算出某年环境污染治理成本，计算结果见表 5-10。

表 5-10　某年环境污染治理成本核算表

矿山名称	产量/t	水环境成本/万元	土壤环境成本/万元	环境总成本/万元
A1	600	2396.07	13.56	2409.63
A2	537	2137.30	12.63	2149.93
A3	600	2396.07	13.56	2409.63
A4	423	1669.04	10.94	1679.98
A5	389	1529.39	10.44	1539.83
A6	100	342.32	6.16	348.48
A7	300	1163.82	9.12	1172.94
A8	300	1163.82	9.12	1172.94
A9	423	1669.04	10.94	1679.98
A10	240	917.37	8.23	925.60
A11	150	547.70	6.90	554.60
A12	1920	7817.97	33.09	7851.06
合计	5982	23749.91	144.69	23894.60

由表 5-10 可知, 12 个矿山的年环境污染治理成本为 23894.60 万元, 其中水环境成本为 23749.91 万元, 土壤环境成本价值量为 144.69 万元, 矿山生产规模越大, 污染治理的成本越高, 负债价值量就越大。

D　资产负债表编制

本书涉及的稀土资源资产负债表采用报告式表式结构, 反映赣南稀土资源某年的存量和流量状况。资产负债表左栏为资产项目, 右栏为负债及净资产, 并且根据 "资产=负债+净资产" 的等式填列。纵向包括期初存量（价值）、期末存量（价值）、本期变化量（价值）三项。根据表 5-8、表 5-9 和表 5-10, 可以编制赣南离子型稀土资源资产负债表, 如表 5-11 所示。

表 5-11　某年赣南离子型稀土资源资产负债表　　　　　　（万元）

项目	期初存量	本期变化量	期末存量	项目	期初存量	本期变化量	期末存量
资产				负债			
稀土矿产	747806.96	−82325.36	665481.60	生态恢复	28256.12	−8831.52	19424.60
				污染治理		23894.60	
				其他	—	—	—
				负债合计	28256.12	15063.08	43319.20
				净资产	719550.84	−97388.44	622162.40
资产合计	747806.96	−82325.36	665481.60	负债和净资产合计	747806.96	−82325.36	665481.60

E　结果分析

利用式（5-4）计算出某年度赣南地区 12 个矿山离子型稀土资源资产负债率, 如表 5-12 所示。

表 5-12　某年离子型稀土资源资产负债率　　　　　　（%）

矿山名称	期初	期末	本期变化
A1	3.76	6.20	2.44
A2	2.85	4.58	1.73
A3	4.80	6.15	1.35
A4	1.74	4.27	2.53
A5	1.48	5.20	3.72
A6	3.55	7.14	3.59
A7	2.44	8.04	5.60
A8	5.80	11.89	6.09
A9	4.20	6.54	2.34

矿山名称	期初	期末	本期变化
A10	2.94	5.59	2.65
A11	0	6.21	6.21
A12	4.76	8.02	3.26
合计	3.78	6.51	2.73

由表 5-12 可知，赣南地区离子型稀土资源期初资产负债率为 3.78%，期末达到 6.51%，该年度资产负债率增加了 2.73%。资产负债率变化的主要原因是负债增长较多，而资产价值量却是减少的，说明离子型稀土资源在开采过程中所带来的生态负债是不容忽视的。12 个离子型稀土资源资产负债率比较结果表明：资产负债率最高的是 A8 矿山（期初 5.8%、期末 11.89%），存在较大的生态风险；资产负债率变化最小的是 A3 矿山（1.35%），由于期初负债为 0，A11 矿山的资产负债率变化最大（6.21%）。各矿山因其开发条件和生产规模各异，使资源的资产负债情况存在差别。

6 离子型稀土资源富集区资源环境承载力评价

6.1 资源环境承载力评价理论

6.1.1 资源环境承载力概述

6.1.1.1 内涵

1921 年生态学家帕克和伯吉斯将承载力拓展至生态学领域，提出承载力是在某个给定的环境条件限制下，某种类个体能够存在的数量上限。资源环境承载力作为承载力研究的一个重要分支，在承载力概念基础上融合了物理学、社会经济学、环境科学、资源经济学等多学科理念形成的复杂综合系统，之后学者们提出了资源承载力（如土地资源承载力、水资源承载力、矿产资源承载力等）、环境承载力（如大气环境承载力、土壤环境承载力等）、生态承载力等。从起源到发展过程中，其概念一直处于不断发展和变化中。UNESCO 提出并已被广泛接受的资源承载力定义为：一个国家或地区的资源承载力是指在可以预见的期间内，利用本地能源及其他自然资源和智力、技术等条件，在保证符合其社会文化准则的物质生活水平下，该国家或地区所能持续供养的人口数量。

资源环境承载力探讨资源环境系统承受人类各种社会经济活动的最高极限问题，是资源承载力、环境承载力、生态承载力等概念与内涵的集成表达。资源环境承载力涉及了土地、矿产、能源等各类支撑性要素，又涉及了各类生态环境约束性要素，同时还涉及了人口和经济社会发展等给自然资源和生态环境造成压力的要素。这三类要素通过相互作用、相互约束，最终可以形成以资源为支撑，以生态环境为约束，以社会和经济的正常运行和可持续发展为目标的资源环境承载力理论体系。

6.1.1.2 研究进展

20 世纪 70 年代以来，随着人类活动对自然资源和生态环境的消耗影响加剧，土地资源能否生产出足够的食物以供养日益增长的人口成为国际关注的焦点。联合国粮农组织（FAO）和 UNESCO 先后组织了国家范围的土地资源人口承载力研究，并提出了土地资源人口承载力的定义和一些量化方法，由此使土地资源人口承载力形成了较为完善的理论和方法体系。1995 年，Arrow 等发表《经济增长、承载力和环境》一文，引发了学者们对环境承载力的高度关注，环境承载力的概念及相关研究得到广泛开展。随着研究的深入，资源环境承载力研究由土地资源承载力，逐渐发展到水资源承载力、环境承载力、生态承载力以及资源环境综合承载力等领域，评价对象由单一资源环境要素向多要素或综合要素承载力评价发展。

国内学者 20 世纪 90 年代开始关注资源承载力和环境承载力的相关研究。学者们尝试从自然资源支持力、环境生产支持力和社会经济技术水平等角度，通过构建综合评价模型对区域资源环境承载力状况进行评估。资源环境承载力的研究对象也从以人口总量为主，发展到人口承载力、经济承载力、国土空间开发度、指标体系综合评估等评价内容。

2015 年发布并施行的我国《生态文明体制改革总体方案》明确提出各类市县空间规划都要开展资源环境承载力评估，并建立动态监测与预警系统，资源环境承载力的社会意义越来越受到重视。在实践应用方面逐步转为以下几个方面：动态监测区域内各资源环境承载力核心要素的动态变化情况；分析和评价区域的资源环境承载能力和发展趋势；设定风险阈值进行风险监测及构建预警机制；通过不同政策情景参数变量的设计，分析其可能对资源环境承载力关键要素产生的影响，寻求有效的政策设计。

6.1.2 资源环境承载力研究方法

资源环境承载力是一个动态变化过程，受到人口规模、开发程度、城镇化规模、产业发展、基础设施建设、空间布局、气候和自然条件等多种因素的影响。综合分析国内外承载力文献所构建和使用的模型和评价方法，其研究特点和发展趋势如下：

（1）方法综合化。早期资源环境承载力的研究以定性方法为主，内容涉及承载力、生态环境、可持续发展、自然资源等概念和相互之间的联系，随着资源环境承载力研究的不断深入，更多的研究采用定量的方法评价资源环境承载力，目前逐步发展成定性与定量相结合的模式，依托系统学、经济学、管理学、信息科学等理论和学科基础，采用航空遥感等先进的仪器设备和地理信息系统、数据分析等应用软件系统，借助成熟的评价方法和模型体系，计算研究区域各要素承载力指标，并综合分析和预测未来发展趋势。

（2）要素多元化。早期有关研究多以资源环境单要素为评价对象，构建单要素承载力评价指标体系。如以土地作为评价对象，从水土资源、生态环境、经济技术及社会等四个方面构建了土地承载力评价指标体系。近年来，资源环境承载力评价指标体系构建由单要素指标体系向多要素综合指标体系发展。国内外学者在进行资源环境承载力研究的过程中，从开始涉及支撑要素、约束要素、压力要素的某一变量或少数变量分析，逐步开始注重要素中各变量以及要素间内在动力关系和交互作用研究，通过多指标综合要素关系模型的构建，评价和分析目标区域的资源环境承载力。

（3）评价动态化。在资源环境承载力评价研究过程中，逐步从早期的农业生态区法（AEZ）、供需平衡法等静态评价方法逐步发展为基于时间序列、系统动力学及模拟仿真等的动态分析和预测方法，增强了分析的动态性和系统性。在已有理论和方法的基础上，利用现代计算机技术、地理遥感技术和地理信息系统对资源环境承载力进行研究，使资源环境承载力向空间优化、数字化的方向发展，模型将更加完善，理论将更加丰富。20 世纪 90 年代末及 21 世纪以来，基于生态足迹法、模糊综合评价法、主成分分析法等的综合研究理论与方法兴起，以弥补单一方法的缺陷。多种方法的结合使用，极大地推动了资源环境承载力评价体系的完善与发展。

通过国内外研究现状分析发现，目前的研究主要是针对区域单一要素或多要素的资源环境承载力分析评价，大多数学者主要侧重于基于个别地区静态评价分析和阶段性动态研究，主要方法见表 6-1。

表 6-1　资源环境承载力评价方法

类型	方法	原　　理
定量分析	生态足迹法	将资源与能源消费项目折算为空间生态容量及占用情况
	能值分析法	把不同种类的能量转化为同一标准的能值衡量
	模糊综合评价法	依据模糊数学隶属度理论计算
	主成分分析法	利用正交变化找出少数几个综合变量
	因子分析法	用少数几个因子反映许多指标和因素之间的联系
	聚类分析法	将物理或抽象对象的集合，分组为由类似的对象组成的多个类别的分析过程
	均方差决策法	求出随机变量的均方差并进行归一化处理
	灰色预测法	衡量因素间的关联程度
	熵权法	根据各指标的相对变化程度对系统的影响来确定指标权重
	系统动力学	建立仿真系统模型来寻找问题发生的根源，以及要素变动过程中系统整体的回馈
	时间序列法	利用按时间顺序排列的数据预测未来
	遗传算法	借助生物界的进化规律演化而来遗传算法动态分析不同策略的结果和可能性

类型	方法	原　　理
定性分析	情景分析法	假定某种现象或某种趋势将持续到未来的前提下进行直观的定性预测
定性与定量结合	层次分析法	对各个因素进行权重赋值
	突变级数法	对评价目标进行排序分析
	GIS 空间分析法	从空间数据中获取有关地理对象的空间位置、分布、形态等信息来辅助决策分析
	神经网络法	借助于人脑和神经系统模拟复杂的网络系统

目前资源环境承载力评价方法不断往多样化、定量化、科学化发展，资源环境不断修正和完善指标体系，通过将静态分析和动态模型相结合，使评价方法更准确、更时效。各类方法对资源环境与社会经济要素相互作用的机理和具体政策指导上有待进一步研究，进行资源环境承载力综合评价理论方法研究亟须深化。

6.2　离子型稀土矿区资源环境承载力评价

6.2.1　矿区资源环境承载力

矿产资源的开发和利用是矿区社会经济发展的重心，在开发矿产资源的同时必然要排放大量的废物，对生态环境造成破坏，也就是说受到资源承载力和环境承载力的限制。矿区资源以矿产资源为主，同时包括土地资源、水资源、林业资源等，由于矿区是以矿产资源开采利用为主要目的，而矿产资源又是不可再生的稀缺资源，因此，为了延长矿区的生命周期，必须实施资源保护性开发政策，在生态系统弹性范围内最大限度提高矿产资源的承载能力。环境承载力则是在一定生活水平和环境质量要求下，在不超出生态系统弹性限度条件下矿区环境子系统所能承纳的污染物数量，以及可支撑的经济规模与相应人口数量。要保持矿区的可持续发展，有必要对矿区资源环境承载力进行研究。

资源系统、环境系统、生态系统相互影响，相互制约，其和谐匹配度在很大程度上反映了一个地区资源环境承载力状况。本书将矿区资源环境承载力系统分为五个子系统，即矿产资源承载力系统、土地资源承载力子系统、水资源承载力子系统和环境承载力子系统。具体含义如下：

（1）矿产资源承载力子系统。矿产资源承载力是研究区域矿产保有可采储量能够承载的经济、人口规模。将矿产资源承载子系统分解为矿业经济指数、矿业就业指数、采矿占用指数、废物排放指数四个评价指数，对各评价指数加权并汇总后得出矿业开发指数值（MDI）。矿业开发指数反映矿区内可开采利用的矿产资源在既注重生态保护，又注重经济发展的条件下适宜开发的规模和强度。

（2）土地资源承载力子系统。土地资源承载力定义为在一定的时空范畴内，在确保区域生态环境良性循环、土地资源科学规划和节约使用的条件下，土地资源所能容纳的人口、经济规模的大小，土地资源承载力评价主要表征社会经济活动压力下土地生态系统的健康度状况。采用土地生态系统健康度作为评价指标，通过发生水土流失、土地沙化、盐渍化和石漠化等生态退化的土地面积比例进行反映。

（3）水资源承载力子系统。这个子系统也是从经济增长和人口的角度来考虑的，以水定需，因水制宜，促进人口经济与资源环境相均衡。一方面，运用了水资源经济承载力的概念，是指一个区域内不同行业水资源消耗标准下，水资源所能支撑的最大经济规模，用地区可利用水资源量与地区万元 GDP 用水量之比来表示。另一方面，利用水资源经济承载力与地区生产总值之间的比值定义水资源经济承载力指数，以此判断水资源的可承载状态。

（4）环境承载力子系统。环境承载力是在一定生活水平和环境质量要求下，在不超出生态系统弹性限度条件下矿区环境子系统所能承纳的污染物数量。环境承载力评价主要表征区域环境系统对社会经济活动产生的各类污染物的承受能力与自净能力，采用污染物浓度超标指数作为评价指标。离子型稀土矿区的主要污染是水污染，选取能够反映环境质量状况的主要监测指标作为单项评价指标，通过主要水污染物的年均浓度监测值与国家现行的该污染物质量标准的对比来进行反映。

6.2.2 研究设计

6.2.2.1 评价指标

资源环境承载力是生态系统提供的资源与环境对社会经济良性发展的支撑能力。基于已有研究，本书坚持科学性、完整性和可操作性原则，建立离子型稀土矿区资源环境承载力评价指标。

（1）矿产资源承载力评价指标（见表 6-2）。选取矿业经济占比、矿业就业率、采矿占用土地程度、废物排放强度四个定量指标，四个指标分别反映被评价区域内矿业开发过程中工业总产值对该区域 GDP 的重要程度、人口就业贡献程度、对区域用地使用程度以及废物排放压力。采用归一化的方法对定量指标进行无量纲化处理，经过处理得到矿业经济指数、矿业就业指数、采矿占用指数、废物排放指数四个分指数。具体计算公式见下表，各分指数权重值的确定采用的是《国土资源环境承载力评价技术要求（试行）》中的各指数所占权重。最后，将各指数与所占权重相乘汇总计算出矿产资源承载力评价综合指数，即矿业开发指数 $(MDI) = MEI \times 0.2 + MJI \times 0.3 + (1 - MLI) \times 0.25 + (1 - MRI) \times 0.25$。

表 6-2 矿产资源承载力评价指数

指 数	计 算 公 式	权重
矿业经济指数（MEI）	矿业经济占比＝矿产资源产值÷地区生产总值	0.2
矿业就业指数（MJI）	矿业就业率＝矿业从业人员÷地区总从业人员	0.3
采矿占用指数（MLI）	采矿占用土地程度＝采矿占地面积÷区域总面积	0.25
废物排放指数（MRI）	废物排放强度＝各类污染物排放总量÷区域总面积	0.25

在完成上述计算的基础上，对矿产资源承载状态进行等级划分，根据矿业开发指数值确定评价等级，分为高、中、低三个等级，当 $MDI \geqslant 0.8$ 时，评价等级为高；当 $0.6 \leqslant MDI \leqslant 0.8$ 时，评价等级为高；当 $MDI \leqslant 0.6$ 时，评价等级为低。

（2）土地资源承载力评价指标。土地资源承载力指标通过计算区域内已经发生水土流失、土地沙化、盐渍化的土地退化及生态影响面积比例反映承载力水平，计算公式如下：

$$LDI = \frac{S_V}{S} \tag{6-1}$$

式中，LDI 为土地生态影响程度；S_V 为土地退化及生态影响的土地面积；S 为评价区域土地总面积。

将评价结果划分为土地生态影响程度低、土地生态影响程度中等和土地生态影响程度高三种类型。土地生态影响程度越高，表明区域生态系统退化状况越严重，产生的生态问题越大。当 $LDI > 10\%$ 时，土地资源承载力水平低；当 LDI 介于 $4\% \sim 10\%$ 时，土地资源承载力水平中等；当 $LDI < 4\%$ 时，土地资源承载力水平高。由于区域间土地资源本底状况差异较大，阈值可根据区域差异进行调整。

（3）水资源承载力评价指标。水资源承载力指标通过计算水资源承载力指数反映水资源承载力水平，计算公式如下：

$$WDI = \frac{W_V}{W} \tag{6-2}$$

式中，WDI 为水资源承载力指数；W_V 为万元产值用水量；W 为区域单位 GDP 可利用水资源总量。

通常，认为 $WDI = 1$ 是理想平衡点，当 $0.8 < WDI \leqslant 1.2$ 时，水资源承载力水平为平衡状态；当 $WDI > 1.2$ 时，水资源承载力水平为超载状态；当 $WDI \leqslant 0.8$ 时，水资源承载力水平为可承载状态。

（4）环境承载力评价指标。环境承载力评价采用污染物浓度超标指数（EDI）作为评价指标，根据我国现行环境质量标准中水污染物监测指标，选取能够反映离子型稀土矿山水环境质量状况的主要监测指标氨氮（$NH_3—N$）、总氮（TN）和 pH 值作为单项评价指标。以各矿山生产过程中排放的主要污染物年均浓度与该项污染物一定水质目标下水质标准限值的差值作为水污染物超标量。标准限值采用水环境功能分区目标中确定的各类水污染物浓度的水质标准限值，具体限值为：废水排放执行《稀土工业污染物排放标准》（GB 26451—2011）中新建企业直接排放标准，《稀土工业污染物排放标准》中未规定的项目执行《污水综合排放标准》（GB 8978—1996）中一级标准。污染物浓度超标指数（EDI）计算公式如下：

$$E_{ij} = \frac{U_{ij}}{S_{ij}} - 1 \tag{6-3}$$

$$E_j = \max(E_{ij}) \tag{6-4}$$

$$EDI = \frac{\sum_{j=1}^{N} E_j}{N} \tag{6-5}$$

式中，E_{ij} 为第 j 个矿山第 i 项水污染物浓度超标指数；U_{ij} 为区域第 j 个矿山第 i 项水污染物的年均浓度监测值；S_{ij} 为第 j 个矿山第 i 项水污染物的水质标准限值；E_j 为矿区第 j 个矿山污染物浓度超标指数；EDI 为矿区的污染物浓度超标指数；N 为矿区内矿山的总数。

根据污染物浓度超标指数，将单要素及综合环境承载力评价结果划分为超标、接近超标和未超标三种类型。污染物浓度超标指数越小，表明区域环境系统对社会经济的支撑能力越强。当 $EDI > 0$ 时，环境承载力状态处于超标状态；当 $-0.2 \leq EDI \leq 0$ 时，环境承载力状态处于接近超标状态；当 $EDI < -0.2$ 时，环境承载力状态处于未超标状态。

6.2.2.2 评价方法

矿区资源环境承载力量化研究的方法可采用综合评价法，该方法通过选择一系列资源环境承载力的影响因素构建多指标体系，收集数据并进行数据处理，通过指标体系的计算对区域资源环境承载力进行综合评价。指标体系综合评价法除了能有效地衡量区域资源环境承载力的整体水平外，还可以通过对各个子系统进行单独评价。本书综合评价是在矿产资源承载力评价、土地资源承载力评价、水资源承载力评价及环境承载力评价四项评价指标的基础上进行集成，采用赋值方法对区域矿产资源环境承载力进行综合评价。

首先，对各子系统的评价指标分等级进行赋值，赋值标准见表6-3。其次，加总各评价指标分值得到综合赋值，综合赋值在 [-4, 4] 之间，根据综合赋值对区域进行预警等级综合评价。当综合承载力评价赋值为 (3, 4] 时，区域评价为绿色无警区；当综合承载力评价赋值为 [1, 3] 时，区域评价为蓝色预警区；当综合承载力评价赋值为 (-1, 1) 时，区域评价为黄色预警区；当综合承载力评价赋值为 [-3, -1] 时，区域评价为橙色预警区；当综合承载力评价赋

值为 [-4, -3) 时, 区域评价为红色预警区。

表 6-3 评价指标分级赋值

指 标	评价等级	赋值	评价等级	赋值	评价等级	赋值
矿产资源承载力（MDI）	低	-1	中	0	高	1
土地资源承载力（LDI）	低	-1	中	0	高	1
水资源承载力（WDI）	超载	-1	平衡	0	可承载	1
环境承载力（EDI）	超标	-1	接近超标	0	未超标	1

6.2.3 实证分析

6.2.3.1 研究区域

本书以赣南两个离子型稀土资源县的两个矿区为研究对象，Z 重稀土矿区位于江西省龙南县城东南方向 10 km 处，行政隶属于龙南县，矿区面积为 23.31 km²，开采范围位于渥江支流临塘流域、黄沙流域和濂江支流关西流域；L 矿区全部位于江西省定南县城北方向 20 km 处，分布较为集中，矿区总面积约为 86.42 km²，开采范围位于濂江支流月子流域、龙迳河支流迳脑流域和龙头流域。Z 矿区范围内地貌属低山丘陵地貌，地势东高西低，沟谷纵横发育，海拔标高一般在 300~400 m；L 矿区范围也属低山丘陵地貌，地势相对东南高、西北低，海拔标高一般在 390~600 m。据 2012 年勘探报告核实，龙南稀土资源基本为高钇矿配分类型，Z 稀土矿区采损矿石量共 9978.13×10⁴ t；定南稀土资源基本属中钇富铕型配分类型，L 矿区范围内采损矿石量共 4878.55×10⁴ t。

6.2.3.2 评价结果

通过查阅赣州稀土矿山整合项目（一期）可行性研究报告、环境影响报告书赣州市统计年鉴等资料，收集矿区生产规模、地质勘察、环境监测等数据，将数据进行归一化处理，依据上述计算方法对两个矿区 2013 年资源环境承载力指数进行核算，结果如表 6-4 所示。

表 6-4 2013 年 L 矿区和 Z 矿区资源环境承载力评价结果

指标	Z 矿区		L 矿区	
	评价等级	赋值	评价等级	赋值
矿产资源承载力（MDI）	中	0	中	0
土地资源承载力（LDI）	低	-1	高	1
水资源承载力（WDI）	可承载	1	平衡	0
环境承载力（EDI）	超标	-1	超标	-1
资源环境承载力	黄色预警	-1	黄色预警	0

从总体来看，两个矿区资源环境承载力评价都为黄色预警。从各分指标来看，两个矿区的矿产资源承载力评价等级居中；Z 矿区的土地资源承载力评价等级低，主要是历史遗留的采空区域面积较大，生态影响严重，亟须进行土地复垦和生态修复；水资源承载力方面，两个矿区的用水量与当地水资源相比较，承载力处于平衡和可载范围；环境承载力方面，两个矿区的环境承载力都超标，说明环境污染问题较为严重，特别是地表水监测数据显示污染物排放量已超过排放标准，在开采工艺及污染治理措施上需要改进，提升环境承载力等级水平。

6.3　资源富集区经济发展与资源环境承载力耦合协调评价

6.3.1　耦合协调

6.3.1.1　耦合协调概念

耦合协调理论由"耦合"与"协调"两个部分构成，其中，"耦合"最早是来源于物理学的一种概念，是指两个或多个电路元件的输入与输出之间存在的相互影响；"协调"是以系统间的相互关联为基础，由子系统的相互促进作用进而实现系统的良性发展。随着社会经济的发展，资源短缺、环境污染和生态恶化等问题日益凸显，越来越多的跨学科研究开始探讨人类、能源、经济、资源、环境等两个或多个系统间的耦合协调发展状况。耦合协调理论不仅具备综合评价两个或多个系统的能力，而且耦合协调研究结果具有很强的直观性。

由于资源禀赋在经济发展和生态环境系统中起到了重要作用。因此，经济发展、资源禀赋和生态环境的协调发展程度关系到一个国家或者地区的社会经济可持续发展水平，这三者之间的耦合研究也受到了广泛的关注。耦合协调发展追求的不再是单一的经济增长，而是资源、环境、社会等多方面的可持续发展。

6.3.1.2　耦合协调度

"耦合度"表示不同系统间相互影响、相互制约的程度，广泛应用于如经济学、社会学、心理学等多个领域，常用于评估不同系统之间的联系程度，如评估区域发展的综合耦合度、评估生态系统的稳定性等。若系统之间耦合度越高，说明系统之间的相互作用越大，一个系统的变化会对另一个系统产生较大的影响，"协调度"指系统间良性耦合程度的大小，能反映出协调状况的好坏。耦合度只能客观反映系统之间相互作用的强弱情况，无法判断系统耦合的好坏情况。因此，协调度通常与耦合度相结合，用耦合协调度来评价系统间协调发展的程度。

"耦合协调度"，也称为协调发展度，是指不同系统之间相互联系和相互作用的程度以及不同系统各要素之间协调发展的程度。"耦合协调度"主要是用来衡量系统或要素间的协调状况，同时反应两个系统在耦合基础上的协调状况的优劣，综合反映耦合与协调性，以此来判断系统或要素间是否存在相互协调、和谐共存的关系。

在耦合协调度的计算中，需要综合考虑不同系统之间的相互作用、相互制约以及各要素之间的平衡发展。耦合协调度模型是专门用于统计分析独立系统之间的整体协调发展水平的工具。通常，耦合协调度的数值在 0~1 之间，数值越高表示不同系统之间的相互作用程度越高，各要素之间协调发展的程度越好。

6.3.2 研究设计

6.3.2.1 评价指标

本书基于相关研究文献，遵循科学性、系统性和可行性原则，构建经济发展与资源环境承载力两个子系统的评价指标体系。其中，经济发展子系统选取发展水平和发展效率两个指标类别，共选择 7 个指标来集中反映社会经济发展情况；资源环境承载力子系统选取资源要素和环境支撑两个指标类别，共选择 8 个指标来反映资源开发利用现状、环境治理对社会经济发展承受能力，评价指标体系见表 6-5。研究数据来源于《江西统计年鉴》（2010~2022 年）、江西省各市国民经济和社会发展统计公报（2010~2022 年）、《中国城市统计年鉴》（2010~2022 年）。

表 6-5 经济发展和资源环境承载力耦合协调发展评价指标体系

目标层	准则层	指标层	单位	权重
经济发展 (x)	发展水平 (x_1)	GDP 年增长率 (x_{11})	%	0.130
		人均区域生产总值 (x_{12})	万元	0.120
		规模以上工业增加值增长率 (x_{13})	%	0.203
		城镇居民人均可支配收入 (x_{14})	元	0.113
	发展效率 (x_2)	固定资产投资效果系数 (x_{21})	%	0.128
		全社会劳动生产率 (x_{22})	万元/人	0.137
		能源产出率 (x_{23})	万元/吨（标煤）	0.169
资源环境承载力 (y)	资源要素 (y_1)	人均水资源 (y_{11})	万立方米	0.121
		人均建设用地面积 (y_{12})	平方公里	0.213
		建成区绿化覆盖率 (y_{13})	%	0.139
	环境支撑 (y_2)	工业废水治理设施处理能力 (y_{21})	万吨/日	0.146
		工业废气治理设施处理能力 (y_{22})	万立方米/时	0.143
		一般工业固体废物综合利用率 (y_{23})	%	0.126
		城镇生活污水处理率 (y_{24})	%	0.105
		生活垃圾无害化处理率 (y_{25})	%	0.112

注：固定资产投资效果系数=地区生产总值增量/固定资产投资额；全社会劳动生产率=地区生产总值/全社会从业人员；能源产出率=地区生产总值/能源消费总量。

确定评价因子权重的方法有多种，包括客观权重法和主观权重法，如德尔菲法、层次分析法和熵权法。为了减少主客观因素的影响，选择熵权法来确定各指标的权重。熵值法是根据传递给决策者的信息量来确定权重的方法。根据信息熵和指标变化计算各指标的权重。为了克服熵值法测度结果存在偏差不足的问题，本书采用改进熵值法确定各指标权重。改进熵权法是一种客观赋权法，在计算熵值时结合标准化法进行指标权重的赋权，缩小了极端值对综合评价的影响，计算步骤如下：

（1）对原始数据进行标准化处理：

对正向指标：

$$x_{ij}^* = (x_{ij} - x_{minj})/(x_{maxj} - x_{minj}) \tag{6-6}$$

对逆向指标：

$$x_{ij}^* = (x_{maxj} - x_{ij})/(x_{maxj} - x_{minj}) \tag{6-7}$$

式中，x_{ij}^* 为标准化处理后的数据；x_{ij} 为原数据；x_{maxj} 和 x_{minj} 分别为原数据的最大值和最小值。

（2）计算指标所占的比重：

$$R_{ij} = x_{ij}^* \bigg/ \sum_{i=1}^n x_{ij}^* \tag{6-8}$$

（3）计算第 j 项指标的熵值 e_j：

$$e_j = -(\ln n)^{-1} \bigg/ \sum_{i=1}^n R_{ij} \ln R_{ij} \tag{6-9}$$

（4）计算各指标权重 W_{ij}：

$$W_{ij} = (1 - e_j) \bigg/ \sum_{i=1}^n (1 - e_j) \tag{6-10}$$

（5）资源环境承载力综合评价指数：

$$f(x) = \sum W_{ij} x_{ij}' \tag{6-11}$$

$$g(y) = \sum W_{ij} y_{ij}' \tag{6-12}$$

式中，$f(x)$ 和 $g(y)$ 分别为经济发展和资源环境承载力的综合评价指数；x_{ij}' 和 y_{ij}' 分别为经济发展和资源环境承载力数据的标准化值；W_{ij} 为各指标的权重。

6.3.2.2 评价模型

耦合协调度是分析系统之间全面交互耦合的协调程度，反映系统在发展过程中平衡状态及其和谐程度。鉴于此，本书构建耦合协调度评价模型，度量经济发展和资源环境承载力之间协调发展状态，模型计算公式如下：

$$C = \left\{ \frac{f(x) \cdot g(y)}{\left[\frac{1}{2}f(x) + \frac{1}{2}g(x) \right]^2} \right\}^k \tag{6-13}$$

$$T = \alpha f(x) + \beta g(y) \tag{6-14}$$

$$D = \sqrt{C \cdot T} \qquad (6\text{-}15)$$

式中，C 为耦合度；T 为综合发展指数；D 为耦合协调度；α、β 为待定系数，界定经济发展和资源环境承载力重要性程度一致，故取 $\alpha = \beta = 0.5$；k 为调节系数，共有两个子系统，故 k 取值为 2。

在参考已有研究文献基础上，将经济发展和资源环境承载力耦合协调度的划分为 5 个类型，如表 6-6 所示。耦合协调度处于 $[0, 1]$ 之间，且数值越大，表明经济发展与资源环境承载力系统越协调。

表 6-6 耦合协调发展类型划分

协调发展阶段	耦合协调度区间	协调发展类型
失调发展阶段	(0.0~0.5]	低级协调
磨合发展阶段	(0.5~0.6]	初级协调
	(0.6~0.7]	中级协调
协调发展阶段	(0.7~0.8]	高级协调
	(0.8~1.0]	优质协调

6.3.3 实证分析

本书在构建经济发展和资源环境承载力评价指标体系的基础上，运用改进熵值法、耦合协调度模型测算出 2010~2022 年经济发展和资源环境承载力综合评价指数及二者的耦合协调发展度，分别以 2011 年、2016 年、2019 年和 2022 年为时间节点，分析江西省 11 个地级市经济发展和资源环境承载力协调发展的空间格局演化特征。

6.3.3.1 综合评价指数动态分析

根据 2010~2022 年江西省经济发展指标与资源环境承载力指标统计数据，利用式（6-11）和式（6-12），计算出综合评价指数，如图 6-1 所示。

图 6-1 2010~2022 年江西省经济发展与资源环境承载力综合评价指数

由图 6-1 可知，江西省经济发展综合评价指数呈现波动上升趋势，2010～2015 年经济发展综合评价指数在 0.3 上下波动且整体水平较低，2015～2019 年经济发展综合评价指数由 0.332 增至 0.554。资源环境承载力综合评价指数呈现稳定增长的趋势，2010～2022 年资源环境承载力综合评价指数由 0.301 增至 0.816，表明江西省资源综合利用水平和生态环境治理水平不断提高。对比两个综合评价指数可以发现，在 2021 年经济发展指数大于资源环境承载力指数，其他年份两者比较接近。总体来看，江西省经济发展与资源环境承载力水平呈现同步增长的态势，而且具有一定程度正相关性特征。

6.3.3.2　耦合协调度分析

基于构建的耦合协调度模型，由式（6-13）～式（6-15）计算得到 2010～2022 年江西省经济发展与资源环境承载力耦合协调度，并根据耦合协调发展类型划分标准对 2010～2022 年江西省经济发展与资源环境承载力耦合协调发展类型进行划分，如表 6-7 所示。

表 6-7　2010～2022 年江西省经济发展与资源环境承载力耦合协调发展类型

年份	综合发展指数 T	耦合协调度 D	协调发展类型
2010	0.295	0.541	初级协调
2011	0.265	0.506	初级协调
2012	0.286	0.534	初级协调
2013	0.308	0.554	初级协调
2014	0.316	0.561	初级协调
2015	0.325	0.570	初级协调
2016	0.344	0.582	初级协调
2017	0.406	0.636	中级协调
2018	0.494	0.702	高级协调
2019	0.571	0.755	高级协调
2020	0.506	0.711	高级协调
2021	0.609	0.755	高级协调
2022	0.761	0.868	优质协调

由表 6-7 可知，江西省经济发展与资源环境承载力的综合发展指数呈现逐渐增长的态势，两者的耦合协调度由初级协调向中高级协调迈进。2010～2016 年经济发展与资源环境承载力耦合协调状态为初级协调类型，并随着耦合协调度 D 值的增加，2017 年达到中级协调类型，2018～2021 年经济发展与资源环境承载力耦合协调状态进入协调发展阶段，保持在高级协调类型，2022 年达到优质协调水平。说明江西省在经济发展的同时，注重提升资源综合利用和环境保护水平，特

别是在"十三五"期间经济发展与资源环境承载力系统协调发展状态良好，经济发展能够得到资源环境条件的有力支撑，同时社会经济的发展也加强了资源环境承载能力。

6.3.3.3 耦合协调发展的空间格局演化分析

2011年、2016年和2021年分别是"十二五""十三五"和"十四五"规划的开局之年，为了进一步分析江西省经济发展和资源环境承载力协调发展的空间差异与演化特征，本书选取2011年、2016年、2019年和2022年江西省11个地级市数据，分别计算出4个年份的耦合协调度值 D，如表6-8所示。

表6-8 2011年、2016年、2019年和2022年江西地级市经济发展与资源环境承载力耦合协调发展类型

地区	2011年		2016年		2019年		2022年	
	耦合协调度	协调发展类型	耦合协调度	协调发展类型	耦合协调度	协调发展类型	耦合协调度	协调发展类型
南昌	0.772	高级	0.775	高级	0.746	高级	0.740	高级
景德镇	0.669	中级	0.671	中级	0.641	中级	0.746	高级
萍乡	0.686	中级	0.565	初级	0.548	初级	0.535	初级
九江	0.588	初级	0.690	中级	0.723	高级	0.771	高级
新余	0.880	优质	0.850	优质	0.768	高级	0.750	高级
鹰潭	0.673	中级	0.729	高级	0.707	高级	0.797	高级
赣州	0.321	低级	0.571	初级	0.632	中级	0.653	中级
吉安	0.488	低级	0.656	中级	0.658	中级	0.718	高级
宜春	0.552	初级	0.555	初级	0.560	初级	0.675	中级
抚州	0.525	初级	0.593	初级	0.559	初级	0.631	中级
上饶	0.569	初级	0.630	中级	0.535	初级	0.678	中级

由表6-8可知，2011年，处于优质协调发展的城市仅有1个；处于高级协调发展的城市仅有1个；处于中级协调发展的城市有3个；处于初级协调发展的城市有4个；处于低级协调发展的城市有2个，耦合协调度最大的是新余市、最小的是赣州市。2016年开始进入"十三五"，处于低级协调类型的城市有0个；处于初级协调发展的城市有4个；处于中级协调发展的城市有4个；处于高级协调发展的城市有2个；处于优质协调发展的城市仅有1个，同2011年相比，低级协调转变为初、中级协调，中、高级协调比例有所上升。2019年，处于高级协调发展的城市有4个；处于中级协调发展的城市有3个；处于初级协调发展的城市有4个；同2016年相比，高级协调比例从18%增加到36%，中级耦合协调则由36%下降到27%。2022年，处于高级协调发展的城市有6个；处于中级协调

发展的城市有 4 个；处于初级协调发展的城市有 1 个，说明初、中级耦合分布相对集中向高级耦合转变。

从空间格局演化来看，2011 年低级协调城市主要分布在赣中、赣南，涉及吉安和赣州两个城市；初级协调城市主要分布在赣中和赣北，涉及抚州、宜春、九江和上饶；中级协调城市主要分布在赣西和赣东，涉及萍乡、景德镇和鹰潭；到 2019 年吉安、赣州演变为中级协调城市，九江演变为高级协调城市；南昌作为省会城市，一直保持高度协调发展；新余和萍乡属于资源衰退型城市，2011 ~ 2022 年新余和萍乡两个城市的协调发展类型分别从优质协调和中级协调降低为高度协调和初级协调。2011 年协调发展状态处于磨合发展阶段的城市有 6 个，集中分布于赣南、赣中北地区；处于协调发展阶段的城市有 2 个。2019 年协调发展状态处于磨合发展阶段的城市有 7 个，集中分布于赣东西地区；处于协调发展阶段的城市有 4 个，分布于赣中、赣北和赣南。2022 年协调发展状态处于磨合发展阶段的城市有 5 个，集中分布于赣东西地区；处于协调发展阶段的城市有 6 个，分布于赣中、赣北。整体上看，空间分布特征表现为中部、北部地区协调发展度等级较高，南部地区次之，而西部、东部地区协调发展等级相对较低。

本书研究了 2010 ~ 2022 年江西省经济发展与资源环境承载力的耦合协调程度。此外，对江西省 11 个城市的经济发展与资源环境承载力耦合协调度进行了空间格局演变和区域差异分析。研究结果表明，江西省在经济发展、资源有效利用和环境保护方面的水平正逐步提高。从 2010 ~ 2022 年，协调耦合程度呈上升趋势。协调发展的类型也从初级协调发展转变为中级协调发展，再转变为高级协调发展与优质协调发展。11 个城市的协调发展具有明显的地理特征，协调发展的总体水平有所提高，从中低级协调发展到中高级协调发展。此外，江西省北部地区的协调发展水平较高，其次是南部地区，中部地区协调发展水平相对较低。这些结果表明，要加强城市生态环境的改善，促进经济发展与生态环境同步协调。有关政府机构应采取积极措施，进一步转变经济增长方式，依托区域资源优势，促进生态经济高效发展。

7 离子型稀土资源开发生态补偿机制

7.1 生态补偿机制概念界定

离子型稀土资源开发过程中，因稀土元素的提取、冶炼和加工过程中可能产生各种废物和废水，含有毒化学物质和重金属等有害物质，可能对环境造成污染，因此实施稀土资源开发生态补偿机制是非常重要的。这种机制可以通过一系列措施来减轻资源开发对生态环境造成的负面影响，促进资源开发与生态保护的协调发展。

7.1.1 生态补偿机制的概念

7.1.1.1 基本概念

生态补偿是指对生态系统保护和修复的成本进行支付，对造成生态环境破坏和污染者进行收费，以及对生态环境保护和修复行为主体进行补偿的一系列制度安排。它旨在调整、优化和保障不同利益相关者的利益分配关系，以内化相关活动产生的生态环境成本，实现生态保护外部性的内部化，达到保护和可持续利用生态系统服务的目的。而生态补偿机制就是一种以保护和可持续利用生态系统服务为目的，以经济手段为主调节相关者利益关系的制度安排。生态补偿机制作为一种新型的资源环境管理模式，是有效解决生态环境保护资金供求矛盾的重要手段，从生态补偿政策国际事件经验来看，建立和完善生态补偿机制是社会经济发展到一定阶段后，一个国家和地区环境管理模式创新的必然选择。

在离子型稀土资源开发中，生态补偿的实施尤为重要。由于稀土开采活动往往会对生态环境造成破坏，如土地破坏、水体污染、植被损失等，通过生态补偿的实施，可以在离子型稀土资源开发过程中平衡经济发展和环境保护之间的关系，实现资源开发与生态保护的双赢局面（见表 7-1）。

表 7-1 离子型稀土资源开发产污及排污系数

污染物指标	单位	产污系数	末端治理技术名称	排污系数
工业废水量	m^3/t（产品）	750	循环利用	230[①]
化学需氧量	g/t（产品）	98250	化学沉淀法	36[①]
氨氮	g/t（产品）	913	化学沉淀法	320[①]

资料来源：《第一次全国污染源普查工业污染源产排污系数手册》。

①废水循环利用。

7.1.1.2　生态补偿的目的

目前，学者对于生态补偿目的的描述呈现多元化，有的学者认为生态补偿的目的是遏制生态破坏和资源衰竭、保护人类赖以生存的环境资源，有的学者则认为是为维护生态平衡，实现整体生态利益，有的学者提出生态补偿的目的兼具保护环境资源和维护整体生态平衡两种目的。经过梳理分析，对于离子型稀土资源开发，生态补偿目的可以概括为以下几个方面。

（1）保护生态系统。离子型稀土资源开发可能导致土地破坏、植被损失等生态问题，生态补偿的目的在于保护受影响的生态系统，通过恢复和修复受损的生态环境，减轻开发活动对生态系统的负面影响。

（2）弥补生态损失。开发离子型稀土资源可能带来生态损失，通过一系列补偿措施，恢复和改善受损的生态系统，以弥补由开发活动造成的生态损失。

（3）促进可持续开发。生态补偿的目的还在于促进离子型稀土资源的可持续开发，通过对生态环境进行保护和修复，确保资源的可持续利用，避免过度开采和资源枯竭，实现资源的可持续开发和利用。

（4）减少环境风险。生态补偿可以帮助降低离子型稀土资源开发对环境的负面影响，减少环境风险和生态风险，保障周边生态环境和居民的健康安全。

7.1.1.3　生态补偿机制的发展历程

（1）生态补偿机制的发展历程。生态补偿机制是一种在环境保护领域逐渐兴起和发展起来的管理模式。生态补偿机制的发展历程可以概述为以下几个阶段。

早期阶段：国外专家学者最早在 20 世纪 60 年代对生态问题展开研究，通常将生态补偿称为环境服务补偿（compensation for environmental services, compensation and reward for environmental services）、环境服务付费（payment for environmental services）、生态系统服务补偿（compensation for ecosystem services）、生态系统服务付费（payment for ecosystem services）。这一阶段的生态补偿研究主要是指对环境污染者或破坏者进行经济赔偿，以弥补环境损失，主要关注经济赔偿，还未形成完整的机制体系。

政策引导阶段：随着环境保护意识的提高，越来越多的国家开始意识到生态系统的重要性，出台相关政策法规来规范环境补偿和生态保护。生态补偿逐渐从单纯的经济赔偿向更加综合的生态保护和修复转变。

实践探索阶段：在实践中，一些国家和地区开始尝试建立生态补偿机制，探索如何实现生态保护与经济发展的平衡。这一阶段的实践经验为生态补偿机制的发展提供了重要的参考和借鉴。

法律制度阶段：随着生态文明建设理念的深入人心，越来越多的国家和地区将生态补偿纳入相关法律法规体系，明确生态补偿的原则、范围和实施机制，为生态补偿机制的规范化和制度化奠定基础。比如，1977 年 8 月，美国颁布了《露天采矿管理与环境修复法》，该法是美国第一部全国性的矿区生态环境保护、修复和治理的法规，是美国生态补偿机制的重要部分之一，该法确定了土地复垦基金、矿区复垦许可证和保证金三大生态补偿制度。

创新发展阶段：近年来，一些国家在生态补偿机制方面进行了创新和实践，如建立生态补偿市场、探索生态权益交易等方式，为生态补偿机制的发展带来新的思路和机遇。

总的来说，生态补偿机制的发展历程经历了从简单的经济赔偿到综合的生态保护和修复的转变，逐步形成了一套完整的政策法规和实施机制，为实现生态环境的可持续发展提供了重要支撑和保障。

（2）我国离子型稀土资源开发生态补偿机制的发展历程。离子型稀土资源开发生态补偿机制的发展历程在中国经历了从无到有，从初步探索到逐步完善的阶段。

早期开采与环境问题凸显：20 世纪 60 年代至 80 年代，中国发现了广东、江西等地的离子型稀土矿床并开始大规模开发。初期的开采技术多采用池浸和堆浸等工艺，这些方法对生态环境破坏较大，包括土壤结构破坏、水源污染、生物多样性减少等问题逐渐显现。

生态补偿理念引入：生态补偿在我国起步相对较晚，这一概念在 20 世纪 80 年代才被提出。随着环保意识的增强和可持续发展理论的普及，20 世纪 80 年代以后，开始有学者和政策制定者关注矿产资源开发中的生态补偿问题，尤其是稀土这种战略资源的开发过程中对生态环境造成的损害。

初步实践与制度建设：进入 21 世纪后，随着环保意识的提高和政策的推动，稀土资源开发生态补偿机制逐渐得到重视和发展。比如，《中华人民共和国环境保护法》，明确规定了企业应当承担环境保护责任，这为稀土资源开发生态补偿提供了法律依据。

规范性文件出台：国务院将离子型稀土列为保护性开采的特别矿种，进一步强调了其资源管理和生态保护的重要性。2016 年 5 月，国务院办公厅印发了《关于健全生态保护补偿机制的意见》，这是国务院关于生态保护补偿方面的首个专门文件，是我国生态保护补偿的顶层制度设计，对离子型稀土开发生态补偿具有重要指导意义。相关部门编制了如《离子型稀土矿原地浸出开采安全生产规范》等技术标准和管理规定，要求在开采过程中采取更加环保的原地浸矿等技术，并对矿区生态环境恢复提出明确要求。

生态补偿机制深化与发展：随着环保政策的持续收紧和稀土资源的日益稀缺，稀土资源开发生态补偿机制将会得到进一步的完善和发展。近年来，我国在稀土资源开发利用中不断强化生态补偿措施，包括研究和推广绿色开采技术、完善利益分配机制、加强生态红线管控、探索市场化运作模式下的生态补偿途径等。

总的来说，离子型稀土资源开发生态补偿机制的发展历程是一个从认识到重视，再到逐步完善的过程。在这个过程中，政府、企业和公众的环保意识不断提高，稀土资源开发生态补偿机制也得到了不断的完善和发展。

7.1.2 离子型稀土资源开发生态补偿机制的构成要素

离子型稀土资源开发生态补偿机制主要包括以下关键要素。

7.1.2.1 补偿主体

在离子型稀土资源开发生态补偿中，有几个主要的责任主体需要承担关键责任。生态补偿的主体是指生态补偿的义务承担者和补偿执行者。基于"谁开发谁保护、谁受益谁补偿、谁破坏谁恢复、谁污染谁治理"的原则，矿产资源开发的补偿主体是指直接或间接对生态环境产生影响的个人和机构。

(1) 资源开发企业：作为直接从事离子型稀土资源开发的主体，资源开发企业承担着最直接的责任。他们应当对其活动可能造成的生态环境影响负责，并有责任采取措施来减少、修复或补偿生态损失。资源开发企业需要制定并执行生态补偿计划，确保对生态环境的损害得到合理的补偿和修复。

(2) 政府部门：政府部门在离子型稀土资源开发中扮演着监管者和管理者的角色。政府有责任制定相关法规政策，监督资源开发活动，协调生态补偿工作的实施，确保资源开发企业履行生态补偿责任，保障生态环境的可持续发展。

(3) 环保部门：环保部门是保护生态环境的专业机构，在离子型稀土资源开发生态补偿中承担着重要责任。他们需要对资源开发活动进行环境影响评价，并监督生态补偿措施的实施，确保资源开发企业按照法规要求进行生态补偿。

(4) 社会公众：社会公众也是离子型稀土资源开发生态补偿中重要的责任主体之一。公众应当关注资源开发活动对生态环境的影响，参与生态补偿计划的公共参与和监督，监督资源开发企业和政府部门的行为，促进生态环境保护工作的有效实施。

这些责任主体共同合作，各司其职，确保离子型稀土资源开发生态补偿工作得以有效实施，保护和修复受影响的生态环境，实现资源开发与生态环境保护的平衡发展。

7.1.2.2 补偿对象

在离子型稀土资源开发生态补偿中，涉及的补偿对象主要包括以下几个方面。

(1) 受损生态系统：离子型稀土资源开采活动可能对周边生态系统造成破坏和影响，生态补偿的对象之一则是受损的自然资源和生态系统，需要通过相关措施进行修复和保护，恢复受影响的生态平衡。

（2）濒危物种和生物多样性：离子型稀土资源在开采过程中产生的大量废水含有高浓度的氨氮、重金属、放射性元素及稀有金属离子，如未经有效处理直接排放，将严重污染水源和土壤，这种污染会直接影响到水生生物和陆生生物种群，包括珍稀濒危物种，通过食物链影响整个生态系统的稳定性。濒危物种原本的分布区域也会因采矿活动而改变，从而影响其生存繁衍。

（3）生态功能：资源开发活动可能破坏生态系统的功能，影响土壤保持、水循环、气候调节等生态功能。生态补偿的对象之一是受损的生态功能，需要采取措施恢复和加强生态系统的功能，确保生态服务的持续供给。

（4）生态服务：离子型稀土资源开发可能影响到生态系统提供的各种生态服务，如水源保护、土壤保育、景观美化等。生态补偿的对象还包括恢复受影响的生态服务，保障社会从生态系统中获得的各种利益。

（5）当地居民利益：离子型稀土开采往往会对当地居民的生活造成一定影响，如噪声污染、水源污染、空气污染等。开采过程中产生的废水、废气以及尾矿处理不当可能释放出重金属和其他有害物质，长期暴露在这样的环境中，当地居民的身体健康可能会受到威胁，直接影响到当地居民的生活环境质量。因此，生态补偿也应考虑当地居民的利益，保障他们的健康和生活质量。

7.1.2.3 损失评估

生态补偿损失评估是确定由离子型资源开采所导致的生态系统损失程度的过程，这是制定有效补偿方案的关键步骤，离子型稀土资源生态补偿损失评估主要包括以下几个方面。

（1）生态环境损失评估：评估环境破坏程度主要是指评估开采活动对土地、水资源、森林植被、生物多样性等自然环境的直接破坏程度，以及由此带来的土壤侵蚀、水源污染、生态系统功能丧失等长期影响。

（2）生态系统服务价值损失：分析因稀土矿开采导致的生态系统服务能力下降或消失，如水土保持、气候调节、生物多样性维护等功能价值减少。

（3）资源损耗评估：评估资源稀缺性与可持续利用性，分析稀土资源在开采过程中的实际利用率和回收率，计算资源浪费情况，评估资源耗竭速度及其对未来经济社会发展的影响。

（4）采矿过程中伴生矿产资源的损失：评估非目标稀土元素或其他有价值矿物在选冶过程中的流失情况。

（5）经济损失评估：直接经济损失评估包括开采成本、环保投入、生态修复成本、补偿费用等；间接经济损失评估，如农业产量减少、旅游业受损、居民健康问题引发的社会医疗成本上升等。

（6）社会文化损失评估：社区生活质量变化评估，是指考察开采活动对当地居民生活方式、传统文化、社区稳定性等方面的影响。公共设施及基础设施损害评估，是指评估矿山开采造成的道路、水源设施、教育卫生设施等公共资产损失。

（7）法律法规与政策合规性评估：对照国家和地方的相关法律法规、环保政策，审查稀土资源开发项目是否符合环境保护标准，是否存在违法违规行为，并评估相应的法律风险和赔偿责任。

（8）技术改进与经济效益比较：分析不同开采工艺（如池浸、堆浸、原地浸出等）对环境的破坏程度和技术进步对减轻环境损失的作用，对比不同开采方式下的综合经济效益和社会效益。

通过以上各方面的评估，可以全面了解和量化离子型稀土资源开发对生态环境、经济体系和社会福祉的损失，为制定合理的生态保护政策、改善开采技术、建立有效的生态补偿机制提供科学依据。

7.1.2.4　补偿方式

生态补偿的方式是指生态系统服务功能的价值得以实现的手段、方法和形式，生态补偿的方式因不同的分类标准而不同。经过梳理分析，离子型稀土资源的生态补偿方式主要包括以下几个方面。

（1）货币补偿：开发企业直接支付给受损方或生态环境修复主体一定的经济赔偿，以弥补因开采活动造成的环境损失。例如，缴纳环保税、生态补偿费、环境治理专项基金等。

（2）实物补偿：通过提供实物形式的补偿，如进行土地复垦和植被恢复工作，或者给予受损地区新的土地使用权，用于农业生产或生态重建。

（3）技术补偿：提供先进的绿色开采技术和生态修复技术支持，包括矿山废水处理技术、土壤改良技术、生物修复技术等，协助改善和恢复被破坏的生态环境。

（4）项目投资补偿：对于受到资源开发影响的社区和区域，投资建设环境保护工程或公共设施，如修建水处理厂、绿化带、公园等，改善当地居民的生活环境和公共服务条件。

（5）替代性生计补偿：针对受影响的居民，提供职业培训、发展可持续农业或其他替代产业，确保他们在生态保护的同时维持基本生活来源。

（6）市场机制补偿：推动建立生态产品价值实现机制，比如碳汇交易、水权交易等市场化手段，使生态保护者能从市场中获得经济回报。

（7）综合补偿：结合以上多种方式进行综合性补偿，确保补偿措施全面覆盖生态环境损失，并与地方经济发展和社会稳定相结合。

7.2 离子型稀土资源开发生态补偿机制设计

7.2.1 离子型稀土资源开发生态补偿机制设计遵循的原则

离子型稀土资源开发生态补偿机制设计是指在开发利用离子型稀土矿产资源的过程中，为弥补因开采活动对生态环境造成的影响和损失而建立的一系列制度、方法和措施的组合，离子型稀土资源开发生态补偿机制设计应遵循以下原则。

7.2.1.1 公平性原则

公平原则是生态补偿机制的核心原则之一。人们的环境权应该是平等的，发展权也应该是平等的。但地处源头区的人民不得不在产业发展时受到许多限制和遭遇不公平待遇。这一原则要求在资源开发和生态保护的利益分配中实现公正平衡，主要指出以下几个方面。

（1）利益相关方均衡：生态补偿必须考虑所有直接或间接因开采活动而受到影响的群体，比如，当地社区、自然资源所有者（通常为国家）、生物多样性以及后代子孙等。每个利益相关方应在其权益受损的程度与修复成本上得到合理的补偿。

（2）代际公平：保护并维护自然资源的可持续性，不以牺牲未来世代的利益来满足当代发展的需求。生态补偿要充分考虑对生态环境造成的长期影响，确保未来的生态系统服务功能得以延续。

（3）区域间公平：如果开采活动导致跨区域环境问题（如水源污染、土壤侵蚀），那么受影响区域和受益区域之间应通过补偿机制进行利益协调，遵循"谁破坏谁修复""谁受益谁补偿"等原则。

（4）经济负担合理分摊：明确规定矿山企业作为主要责任主体承担生态补偿义务，同时政府也要发挥监管作用，必要时提供财政支持或政策引导。此外，可以探索建立市场化机制，让其他从资源开发中获益的社会成员共同分担部分补偿责任。

（5）公开透明决策：在制定和实施生态补偿措施的过程中，保证公众参与度，通过公开透明的信息发布和广泛的公众咨询，确保各方意见得以充分表达和采纳，进而提高整个补偿机制的公信力和接受程度。

7.2.1.2 全面性原则

全面性原则是指在进行离子型稀土资源开发生态补偿机制设计时，需要考虑到所有可能的影响因素和利益相关者，以确保补偿机制的公平、有效和可持续。这一原则主要包括以下几方面。

（1）生态损害的全面评估：对开采活动对生态环境造成的全部影响进行全

面、系统和科学的评估，比如，土地破坏、水源污染、生物多样性减少、土壤退化、地质灾害风险增加等多方面的影响。

（2）补偿范围的广泛覆盖：生态补偿不仅仅针对可以直接量化的经济损失或环境恢复成本，还要充分考虑到难以量化但至关重要的生态系统服务功能损失，如气候调节、水源涵养、生物基因库价值等。

（3）利益相关者的全面考虑：全面性原则要求补偿机制应当关注所有受影响的利益相关方，比如，直接遭受损失的社区居民、自然资源的所有者以及依赖于当地生态系统服务功能的社会群体。

（4）补偿方式的多元化：采用货币补偿、实物补偿（如土地复垦、植被重建）及技术转移、政策支持等多种形式相结合的补偿方式，以确保补偿内容全面涵盖生态修复与保护的各方面需求。

（5）空间尺度的扩展：离子型稀土资源开采可能带来的环境影响往往超越了开采区域本身，因此，补偿机制需具备跨行政区域甚至跨流域的能力，对远距离生态影响进行合理的补偿。

7.2.1.3 科学性原则

科学性原则是指在进行离子型稀土资源开发生态补偿机制设计时，应遵循科学的原则和方法，以确保补偿机制的有效性和准确性，即采用科学的方法和技术手段进行生态环境损害量化评估，确定补偿标准，确保补偿金额或方式与实际损失相匹配。

（1）科学评估：在资源开发前对生态系统进行全面、准确的评估，包括生物多样性、土壤质量、水资源状况等方面的评估，以了解资源开发可能对生态系统造成的影响。

（2）科学规划：根据科学评估结果，制订科学合理的生态修复和保护计划，确定合适的补偿措施和项目，并设定明确的生态补偿目标和指标。

（3）科学技术支持：在生态补偿机制的设计和实施过程中，采用科学先进的技术手段和方法，如遥感技术、生态工程技术等，提高生态修复和保护工作的效率和质量。

（4）数据监测与评估：建立科学的生态环境监测体系，对资源开发活动的影响进行持续监测和评估，及时调整和改进生态补偿措施，确保其科学性和有效性。

（5）跨学科合作：促进跨学科合作，将生态学、环境科学、地质学等多学科知识融入生态补偿机制的设计和实施中，提高补偿措施的科学性和综合性。

7.2.1.4 可持续性原则

可持续性原则是指在设计和执行针对此类资源开发的生态补偿措施时，确保这些措施不仅能够对当前已经发生的生态环境破坏进行有效修复或补偿，还必须考虑到长期的社会经济与环境影响，并致力于推动资源开发利用与生态保护之间的和谐共生关系。这一原则强调资源的可持续利用和生态环境的长期稳定，推行绿色矿山建设，实施源头控制，减少和修复开采过程中的环境破坏。

（1）长远规划：生态补偿机制应当具备前瞻性，充分考虑矿产资源开发对生态环境造成的中长期影响，确保生态系统服务功能的持续性和稳定性。

（2）资源循环利用：强调绿色开采技术和循环经济理念，提高稀土资源利用率，减少废弃物排放，并促进废弃物的无害化处理及资源化利用，降低对生态环境的压力。

（3）生态修复有效性：生态补偿措施应包括切实可行的生态修复方案，确保受损生态系统得到有效的恢复和重建，增强其自我调节和自我恢复能力。

（4）社会经济公平：在实施补偿过程中，兼顾各方利益，尤其是保障当地社区和未来世代的利益，确保经济发展、社会稳定与环境保护相互协调，实现经济社会发展的可持续性。

（5）政策制度连续性：制定稳定的、可预见的生态补偿政策和法规体系，保持政策延续性，避免因政策波动导致补偿工作的中断或效果减弱。

（6）科技创新驱动：依托科技力量，研发更加环保的开采技术，探索基于自然的解决方案（NbS），以科学的方式优化补偿方式和提升补偿效率。

7.2.1.5 系统性原则

系统性原则是指在处理离子型稀土资源开发所带来的生态影响时，需要综合考虑各种因素和关联性，确保生态补偿措施的系统性和综合性。这一原则要综合考虑离子型稀土资源开发对整个生态系统的连带效应，建立跨区域、跨流域的联动补偿机制，以保障生态服务功能的整体性和连续性。

（1）整体性视角：考虑到稀土开采对土地、水源、生物多样性、气候等多个环境要素的综合影响，制定补偿方案时要从整个生态系统的角度出发，避免单一或局部性的补偿。

（2）多维度补偿：生态补偿不仅包括直接的物质损害修复，还应涵盖间接损失如生态服务功能丧失、文化价值受损等方面，通过多种方式（如货币补偿、实物补偿、技术援助等）进行综合补偿。

（3）利益相关方协同：强调政府、企业、社区、非政府组织等多元主体之间的沟通协作，明确各方在生态补偿中的角色和责任，形成共同参与、相互支持的补偿体系。

（4）政策制度集成：将生态补偿纳入国家和地方的法律法规、发展规划和政策体系中，与其他环保政策、产业发展规划、土地利用规划等形成有效衔接。

（5）动态调整优化：根据实际生态恢复情况和环境变化趋势，定期评估补偿效果，及时调整和完善补偿机制，保持其科学性、合理性和有效性。

7.2.1.6 可操作性原则

可操作性原则是指在实施生态补偿措施时，需要考虑到这些措施的可操作性和实施可行性，以确保其有效性和长期性。可操作性原则有助于构建一个既能保护生态环境又能适应现实条件的离子型稀土资源开发生态补偿体系，使补偿工作能够顺利落地执行，并取得预期的生态保护成效，具体包括以下几个方面。

（1）清晰的补偿标准：明确并量化生态环境损害的程度与价值，制定出实际操作中可以参照的具体补偿标准，便于计算和支付补偿费用。

（2）可行的补偿方式：选择适合当地实际情况且容易执行的补偿形式，如货币补偿、实物补偿（如土地修复或替代生境建设）、技术转移、项目投资等。

（3）有效的责任落实机制：确定生态补偿的责任主体，通常是开采企业，同时明确政府监管及社会监督的角色，通过法律手段确保责任主体履行生态补偿义务。

（4）完善的操作流程：设计完整的生态损害评估、补偿方案制定、补偿金筹集、补偿实施、效果评估等环节的工作流程，确保整个过程有章可循，能够有效推进。

（5）健全的资金管理机制：建立专门的生态补偿基金或账户，规范资金的收取、分配、使用和监管，保证补偿资金专款专用，避免挪用和浪费。

（6）反馈机制：根据补偿实施情况和环境变化定期进行评估与调整，形成闭环反馈，确保补偿策略的持续优化和完善。

（7）公众参与和社会监督：鼓励社区居民、非政府组织和其他利益相关方参与到生态补偿的决策和监督过程中来，提高补偿工作的公开性和透明度，增强可操作性。

7.2.2 离子型稀土资源开发生态补偿机制设计标准

离子型稀土资源开发对生态环境可能造成一定程度的影响，因此需要制定相应的生态补偿标准来确保资源开发过程中对生态环境的破坏能够得到有效的补偿和修复。生态补偿的标准是指补偿时据以参照的条件，主要从所涉及客体的经济价值和生态价值综合考虑。以下是一些可能适用于离子型稀土资源开发的生态补偿标准。

7.2.2.1 生态环境评估标准

确定资源开发对当地生态环境可能造成的影响，包括土壤质量评估、水质评估、生物多样性评估等方面。

（1）土壤质量评估：评估开发区域内的土壤质量，包括土壤中的有机物含量、重金属含量等指标，以了解开发活动对土壤质量的影响。

（2）水质评估：评估开发区域内水体的质量，包括水体中的重金属、有机物、营养盐等污染物质含量，以了解开发活动对水质的影响。

（3）生物多样性评估：评估开发区域内的植物和动物种类、数量以及生态系统的结构和功能，以了解开发活动对生物多样性的影响。

（4）景观格局评估：评估开发区域内的景观类型、格局和连通性，了解开发活动对景观格局的变化及生态系统的稳定性。

（5）气候影响评估：评估开发活动对局部气候的影响，包括温度、湿度等气候参数的变化，以了解开发活动对气候的影响。

（6）生态功能评估：评估开发区域内生态系统的功能完整性，包括水源涵养、土壤保持、气候调节等功能，以了解开发活动对生态系统功能的影响。

（7）植被覆盖评估：评估开发区域内的植被覆盖情况，包括植被类型、覆盖率等指标，以了解开发活动对植被的影响。

7.2.2.2 生态修复标准

设定资源开发后的生态修复目标和标准，确保破坏的生态环境能够得到有效的修复和恢复，离子型稀土资源开发生态修复标准通常会包含以下几个核心内容。

（1）生态恢复目标设定：明确修复后生态系统应达到的结构、功能和生物多样性水平，比如，土壤肥力恢复、植被覆盖率提高、水源保护以及生态系统服务功能的重建等。

（2）场地调查：对废弃矿山进行详细的地质环境、土壤污染状况、水文条件、植被破坏程度等调查，为制定具体修复方案提供科学依据。

（3）修复技术选择与实施规范：根据矿区实际情况，选用合适的生态修复技术和方法，如物理修复（土地整治）、化学修复（土壤改良剂施用）及生物修复（植物修复、微生物修复等）。规定各类修复措施的具体施工要求和技术参数，确保工程质量和环境保护效果。

（4）污染物排放控制标准：制定严格的尾矿库管理、废水处理和废气排放标准，明确各项污染物的限值，确保在修复过程中不产生新的环境污染问题。

（5）生态安全屏障构建：设计和建设雨污分流系统、拦渣坝、防渗层等设施，防止重金属等有害物质扩散和地下水污染。恢复或新建生态廊道以连通破碎化的生态环境，促进物种迁移和生态过程的自然化。

（6）长期监测与维护：制定生态修复后的长期动态监测计划，对土壤质量、水质、植被生长状态等关键指标进行定期跟踪观测。建立完善的后期维护制度，确保修复效果持续稳定，并根据监测结果及时调整优化修复策略。

（7）绩效评价与验收：设定明确的生态修复项目完成指标和绩效考核体系，对修复效果进行客观公正的评价。完成修复后需通过相关部门组织的专家评审和验收，确保符合国家和地方的生态修复标准要求。

7.2.2.3　生态保护标准

确保在资源开发过程中采取有效措施保护当地的生态系统，避免进一步破坏生态平衡，包括采取措施减少污染、保护野生动植物等。离子型稀土资源开发的生态保护标准涉及多个方面，旨在确保资源开采过程中的环境安全和可持续发展。以下是一些关键的生态保护标准。

（1）开采规模与指标控制：离子型稀土资源的开采规模必须符合国家下达的指标，确保资源的合理利用，避免过度开采。

（2）工艺技术与技术指标：开采过程中所选用的工艺以及技术指标必须符合相关要求，以减少对环境的影响。同时，应优先采用先进、环保的开采技术，提高资源利用率，减少废弃物和污染物的产生。

（3）环境保护设施：开采单位必须配备齐全的环境保护设施，包括废水处理、废气处理、固废处理等，确保开采过程中产生的污染物得到有效处理，达到排放标准。

（4）生态红线与禁采区：应设立生态红线，明确禁采区域，如水源保护区、自然保护区、风景名胜区等，严格禁止在这些区域内进行稀土资源的开采活动。

（5）水土保持与生态修复：开采过程中应采取有效的水土保持措施，防止水土流失和地质灾害的发生。同时，对于已经破坏的生态环境，应制定科学的生态修复方案，促进生态系统的恢复。

（6）环境监测与监管：加大环境监测力度，对开采过程中的环境质量进行实时监测和评估。同时，加大监管力度，对违反生态保护标准的行为进行严厉打击和处罚。

（7）社区参与公众监督：鼓励社区参与稀土资源开发的决策和监管过程，增强公众的环保意识。建立公开透明的信息发布机制，接受公众的监督和质询。

7.2.2.4　补偿金标准

确定资源开发对生态环境可能造成的损害，并设定相应的经济补偿标准，用于支持生态修复和保护项目。离子型稀土资源开发补偿金标准通常涉及以下几个方面。

（1）环境损害赔偿：根据《生态环境损害赔偿制度改革方案》等政策法规，对因矿产开采导致的生态环境破坏进行量化评估，并按照实际修复成本或环境损失价值确定赔偿金额。

（2）生态修复与治理费用：补偿金应涵盖矿山开采后所需实施的生态修复、土地复垦、植被恢复、水源保护等方面的直接和间接成本，包括工程设计、施工以及后期维护管理等环节。

（3）资源补偿费：矿业企业需根据国家规定缴纳资源补偿费，用于补偿由于矿产资源开采而造成的不可再生资源的损失。对于离子型稀土资源，将会使用到特定的费率表来计算相应的补偿费用。

（4）生态服务功能价值补偿：对于受损生态系统提供的生态服务功能（如水源涵养、土壤保持、生物多样性维持等）的价值损失，可以通过科学的方法进行评估并纳入补偿范围。

（5）社会责任基金：一些地区会要求矿业企业设立社会责任基金，用以支持当地环保项目、社区发展及公共福利事业，这也是采矿活动带来的间接补偿形式之一。

（6）法律法规要求：根据不同层级的地方性法规和行业规定，可能会有专门针对离子型稀土资源开发生态补偿的具体标准或指南。

（7）税收调节：在经济补偿金支付过程中，可能存在税收优惠或减免政策，同时也需要遵守个人所得税法等相关法规，确保经济补偿金的个税合规处理。

（8）协商机制：补偿金数额也可能通过政府、企业和受影响社区之间的协商来确定，体现多方参与和利益平衡原则。

7.2.2.5 社区参与标准

离子型稀土资源开发补偿的社区参与标准，主要旨在确保社区在资源开发过程中的权益得到充分保障，促进社区与开发者之间的合作与共赢，以下是一些具体的参与标准。

（1）信息公开与透明度：开发者必须及时向社区公开资源开发的相关信息，包括开发计划、环境影响评估、补偿方案等，确保社区成员能够全面了解开发活动的内容、潜在影响以及补偿措施。

（2）决策参与协商：社区应被纳入资源开发决策过程，与开发者进行平等协商。在涉及社区利益的关键问题上，社区应具有决策参与权，能够表达自身意见和需求，确保开发方案符合社区发展目标和利益。

（3）利益共享机制：建立公平合理的利益共享机制，确保社区能够从资源开发中获得实际利益。补偿金应直接用于改善社区基础设施、提升公共服务水平、支持社区发展项目等，切实提升社区居民的生活质量和幸福感。

（4）环境监测与保护：社区应参与资源开发过程中的环境监测工作，监督开发活动对环境的影响。同时，开发者应采取有效措施减少污染和破坏，确保环境得到有效保护。

（5）培训与教育：开发者应为社区成员提供与资源开发相关的培训和教育，帮助他们提升技能、增强环保意识，为社区的可持续发展奠定基础。

（6）建立反馈与申诉机制：设立专门的反馈与申诉渠道，允许社区成员对资源开发过程中的问题进行反馈和申诉。对于社区提出的合理诉求和意见，开发者应及时回应并进行改进。

（7）加强沟通与协作：开发者与社区之间应建立长期稳定的沟通机制，加强双方的交流与合作。定期召开座谈会、交流会等形式，增进彼此了解与信任，共同推动资源开发活动的顺利进行。

7.2.2.6 政府监管标准

确保政府有能力和责任监督和管理资源开发的生态补偿机制，防止资源开发者的违规行为，确保离子型稀土资源的合理开采和有效利用，防止资源过度开发和环境破坏，离子型稀土资源开发政府监管标准主要涉及以下几个方面。

（1）开采准入制度：政府部门对离子型稀土矿山开发实施严格的准入条件，包括生产规模、技术设备、环保设施、安全生产等方面的要求。例如，要求企业必须达到一定年开采量等，并使用符合环保标准的开采和冶炼分离工艺。

（2）环境影响评价与审批：新建、改建和扩建项目需依法进行环境影响评价，并取得相应的环评批复文件。对于可能造成生态环境破坏的项目，严格审查其环境保护措施及生态修复方案。

（3）总量控制与指标分配：国家对离子型稀土矿产资源实行开采总量控制，根据资源储量、市场需求和生态保护等因素，制定并下达年度开采指标。

（4）污染物排放标准：制定并执行离子型稀土矿山开采污染物排放标准等法规，规范矿山在开采过程中的废水、废气、废渣排放行为，确保各项污染物排放不超过国家或地方规定的限值。

（5）绿色矿山建设与生态修复：推进绿色矿山建设，鼓励采用低污染、低消耗、高效率的生产工艺和技术，同时要求企业在开采结束后进行土地复垦和生态修复工作，满足相关验收标准。

（6）区域联动与联合监管：加强跨区域、跨部门协同监管，通过建立南方七省等地区之间的联合行动机制，共同打击非法开采、违规排污等行为，实现信息共享和执法联动。

（7）法律合规与行政许可：确保所有开采活动合法合规，企业须获得矿业权许可证、安全生产许可证等相关行政许可，并接受定期检查和评估。

（8）资源储备与战略规划：规划一批国家重要稀土战略资源储备基地，由地方政府负责保护和管理，未经国家批准不得擅自开采，确保国家战略资源安全。

（9）经济补偿与社会责任：监督企业履行社会责任，支付合理生态补偿金，并积极参与当地社区建设和环境改善工程。

7.2.2.7 可持续发展标准

确保生态补偿标准设计符合可持续发展的原则，不仅满足当前需求，也要考虑未来世代的需求，稀土资源开发的可持续发展标准主要包括以下几个方面：

（1）资源合理利用：应遵循"节约优先、保护为主"的原则，提高稀土资源的综合利用率和回收率，减少资源浪费。在开采过程中，实施精细化管理和科技驱动，优化开采工艺和技术，确保稀土资源得到最大程度的有效利用。

（2）环境保护：在稀土矿产资源开发中必须严格遵守环保法规，采用环保型开采和选冶技术，控制和减少废水、废气、废渣等污染物排放，同时进行矿山复垦和生态修复，降低对生态环境的影响。

（3）社会责任：企业需承担起社会责任，关注并保障矿区周边居民的生活质量和健康安全，积极参与社区建设与发展，推动地方经济与社会和谐发展。

（4）法律法规遵守：严格执行国家关于矿产资源勘查、开发、利用、保护和管理的法律法规，取得合法开采手续，严禁非法开采和走私行为。

（5）科技创新：鼓励和支持企业在稀土资源开发过程中的科技创新，研发绿色、低碳、高效的开采和提取技术，推进产业升级，实现稀土产业的高质量可持续发展。

（6）经济效益：在保证上述条件的基础上，寻求经济效益最大化，实现经济、社会和环境效益的统一，为企业的长远发展奠定基础。

7.3 离子型稀土资源开发生态补偿机制的实施

7.3.1 离子型稀土资源开发生态补偿模式

生态补偿模式是以保护生态环境和可持续利用生态系统服务为目的，根据生态系统服务价值、生态保护成本、发展机会成本，调节相关利益者关系的制度安排和模式设计。

7.3.1.1 政府主导型生态补偿模式

离子型稀土资源开发中的政府主导型生态补偿模式的核心在于政府通过一系列政策手段和市场机制，引导和推动稀土资源开发的生态补偿工作，实现经济发展与环境保护的协调发展，该模式的主要特点和运作方式主要有。

（1）政策制定与引导：政府首先会制定和完善相关的法律法规，明确稀土资源开发的环保要求和生态补偿标准。通过立法手段，为生态补偿提供法律保障和依据。同时，政府还会出台一系列优惠政策，鼓励和支持稀土开采企业加大环保投入，积极参与生态补偿工作。

（2）财政支持与资金保障：政府会通过财政拨款、税收优惠等方式，为生态补偿提供资金支持。一方面，可以设立专门的生态补偿基金，用于支持稀土开采地区的生态恢复和环境治理项目；另一方面，还可以通过税收优惠政策，降低企业的环保成本，提高其参与生态补偿的积极性。

（3）监管与考核：政府会加大对离子型稀土开采企业的监管力度，确保其按照环保要求进行开采活动。同时，政府还会建立生态补偿考核机制，对企业在生态补偿方面的表现进行评估和奖惩。通过严格的监管和考核，推动离子型稀土开采企业更加重视环境保护和生态补偿。

（4）市场机制引入：在政府主导型生态补偿模式中，市场机制也发挥着重要作用。政府可以通过排污权交易、碳排放权交易等市场手段，引导企业减少污染排放，实现环境资源的优化配置。此外，政府还可以推动绿色金融产品和服务的发展，为生态补偿提供更多的资金支持。

（5）社区参与公众监督：政府还会注重社区参与和公众监督在生态补偿中的作用。通过加强宣传教育，提高公众对稀土资源开发和生态补偿的认识和参与度，建立公众监督平台，接受社会监督，确保生态补偿工作的公开、透明和有效。

政府主导型生态补偿模式在稀土资源开发中发挥了重要作用。但是，政府补偿模式也存在补偿资金存在较大缺口、资源定价制度不合理、生态受益者与补偿者脱节、官僚主义、效率低下、政策寻租空间、信息不对称以及政府预算支出领域变更等，都可能对政府补偿效率产生影响。

7.3.1.2 市场驱动型生态补偿模式

离子型稀土资源开发市场驱动型生态补偿模式，是指通过市场化手段和经济激励措施来引导和规范企业在开采活动中对生态环境进行保护和修复。这一模式强调市场的资源配置作用和社会资本的参与，以实现生态保护与经济效益之间的平衡，主要特点和实践方式包括以下几个方面。

（1）生态服务交易：建立生态权益或生态服务交易市场，允许企业通过购买碳汇、水权、生物多样性等生态服务指标来抵消其在开采过程中产生的环境影响。

（2）绿色金融工具：推广绿色信贷、绿色债券、环保保险等金融产品，鼓励金融机构为实施生态友好型稀土开发项目的企业提供资金支持，并将企业的环境绩效作为风险评估的重要依据。

（3）污染权交易：实行污染物排放权交易制度，允许企业在一定范围内通过市场机制买卖排污权，促使企业主动减少排放并投资于减排技术和生态保护工程。

（4）第三方治理：引入第三方专业机构进行环境修复和生态建设，由政府、企业和第三方共同出资，形成多元化的投资格局，提高生态补偿效率。

（5）责任延伸制度：要求企业承担从开采到废弃矿山复垦的全过程责任，可以设立专项基金，通过收取生态税、资源使用费等方式筹集资金，用于补偿开采活动造成的环境损害。

（6）利益共享机制：构建"资源—社区—环境"三位一体的利益共享机制，确保当地社区和其他利益相关者能够从稀土资源开发中获得可持续发展收益的同时，积极参与到生态保护工作中。

（7）信息披露与透明度：建立完善的生态环境信息公示系统，增强企业环境行为的透明度，通过社会舆论和市场选择机制倒逼企业提高环境保护标准。

离子型稀土资源开发市场驱动型生态补偿模式虽具有一定的优点，但也存在一些明显的缺点。构建市场化补偿机制，应将加快推进自然资源资产产权制度改革、构建多层次生态保护补偿市场体系等任务作为突破口。

7.3.1.3 企业自主型生态补偿模式

在此模式下，离子型稀土资源开采企业主动承担生态补偿责任，通过技术创新、工艺改进等方式，降低开采过程中的环境污染和生态破坏，企业还会投入资金用于生态恢复和环境治理，以改善周边居民的生活环境，具体有以下几个特点。

（1）主动性与责任感：企业自主型生态补偿模式的核心在于企业的主动性和责任感。企业认识到自身在稀土资源开发过程中对生态环境可能造成的负面影响，因此主动承担起生态补偿的责任，积极采取措施进行生态恢复和环境治理。

（2）资金与技术的自主投入：企业会自主投入大量资金和技术资源，用于生态恢复、环境治理和社区发展等方面。这种自主投入不仅体现了企业的经济实力，也展示了企业对环保事业的重视和承诺。

（3）综合性与系统性：企业自主型生态补偿模式注重从多个方面进行综合补偿，包括土地复垦、植被恢复、水资源保护、污染物治理等。这种综合性的补偿方式有利于全面改善生态环境，实现生态系统的平衡和稳定。

（4）与社区的合作与共赢：企业积极与当地社区合作，关注社区的发展和民生改善。通过与社区的合作，企业不仅可以更好地了解当地生态环境和社区需求，还可以实现与社区的共赢，促进企业与社区的和谐共处。

（5）创新性与可持续性：企业在自主型生态补偿模式中注重创新，不断探索新的生态恢复和环境治理技术。同时，企业也注重生态补偿的可持续性，通过制订长期规划和实施计划，确保生态补偿工作的连续性和有效性。

（6）自我约束与监管：在此模式下，企业会加强自我约束和监管，确保生态补偿措施得到有效执行。通过建立完善的监测和评估机制，定期对生态补偿工作进行检查和评估，及时调整和改进补偿措施。

企业自主型生态补偿模式虽然具有诸多优点，但也面临着一些挑战和限制。例如，企业的经济状况和盈利能力可能影响到生态补偿的投入力度，企业在技术和管理方面也可能面临一定的困难。因此，在推广和应用该模式时，需要充分考虑这些因素，并制定相应的政策和措施加以引导和支持。

7.3.1.4 社区参与型生态补偿模式

离子型稀土资源开发社区参与型生态补偿模式是指当地社区的参与和受益，包含以下关键要素，以促进资源开发与生态保护的协调发展，加深社区居民对环境保护的认识和参与度。

（1）社区协商和共同决策：建立社区协商机制，促进资源开发企业、政府和社区居民之间的共同决策，制定生态补偿方案，确保符合当地实际需求和利益。

（2）信息透明和公开：保障信息透明和公开，向社区居民提供资源开发计划、环境影响评价报告等相关信息，促进社区居民对资源开发过程的了解和监督。

（3）社区监督和参与：设立社区监督机制，允许社区居民参与资源开发过程的监督和评估，及时发现和解决环境问题，确保生态补偿措施的有效实施。

（4）生态修复和环境保护：制定生态修复和环境保护计划，鼓励社区居民参与生态环境的保护和修复工作，共同维护当地生态系统的健康。

（5）社区经济共享机制：建立社区经济共享机制，将生态补偿资金用于支持当地社区发展项目，提高居民生活水平，增强社区对资源开发的支持度。

（6）文化传承与教育：保护当地文化遗产，促进文化传承，开展环保教育和宣传活动，提升社区居民的环保意识和责任感。

（7）社区技能培训：提供环保技术培训和技能提升机会，增强社区居民对资源开发活动的理解和参与度，推动生态环境保护工作的开展。

离子型稀土资源开发社区参与型生态补偿模式虽然强调了社区在生态补偿中的积极作用，但也存在社区居民参与度不高、长期维护困难、决策过程复杂等不足。

7.3.1.5　综合型生态补偿模式

综合型生态补偿模式是将以上几种模式相结合，形成多元化、立体化的生态补偿体系。该模式既强调政府的主导作用，又注重市场机制和企业自主性的发挥，同时还注重社区参与和受益。通过综合运用各种手段，通过多元化的补偿方式和策略，全面解决稀土资源开发过程中的生态环境问题，实现经济、社会和环境的协调发展。2018 年，为落实《国务院办公厅关于健全生态保护补偿机制的意见》，国家发展和改革委员会、财政部、自然资源部等九部门联合印发了《建立市场化、多元化生态保护补偿机制行动计划》，进一步明确了要推进市场化、多元化生态保护补偿机制的建设。

7.3.2　离子型稀土资源开发生态补偿机制程序和步骤

离子型稀土资源开发生态补偿机制的构建需要经过一系列步骤和考虑因素，以确保标准科学合理、可行有效，以下是制定这一机制设计标准的一般步骤。

7.3.2.1　环境影响评估（EIA）

对拟开发的离子型稀土矿区进行详尽的环境影响评估，全面了解离子型稀土资源开发可能带来的影响，从而采取有效的措施减少或弥补这些影响。

（1）确定评估范围：确定评估的范围和目标，包括资源开发项目的地理范围、时间范围、评估内容等。

（2）收集数据：收集资源开发项目相关的数据，包括地质勘探数据、生态环境资料、气象数据等，为评估提供基础资料。

（3）评估影响因素：评估资源开发可能产生的影响因素，如土地资源利用变化、水资源利用情况、生态系统破坏程度、大气污染排放等。

（4）评估方法：选择合适的评估方法，如生态环境影响评价、生态风险评估、生态系统服务价值评估等，综合分析资源开发对环境的综合影响。

（5）评估结果分析：对评估结果进行分析，评估资源开发对环境的具体影响程度和可能的风险，识别关键影响因素和薄弱环节。

（6）制定对策：根据评估结果，制定相应的环境管理和保护对策，包括生态修复方案、资源节约利用措施、污染防治措施等。

（7）监测与追踪：建立环境监测体系，对资源开发后的环境影响进行长期监测和追踪，及时调整和改进环境保护措施。

7.3.2.2 生态价值核算与损失识别

量化因矿产开发造成的生态系统服务功能损失，评估和量化因矿产开发活动对生态系统及其服务功能造成的破坏或损失的过程，并明确需要补偿的具体项目。

（1）生态环境现状调查：对开采前的区域进行详细的生态环境基线调查，了解生物多样性、土壤质量、水源保护、气候调节等生态系统的自然状态和服务功能。

（2）生态资产及服务功能评估：通过科学的方法（如生态系统服务价值评估法、替代成本法、恢复成本法等）来计算生态系统各方面的经济价值，比如，水资源价值、土壤保持价值、碳汇价值、生物多样性价值等。

（3）环境影响预测分析：预测和模拟采矿活动可能带来的直接和间接环境影响，如植被破坏、水土流失、地下水污染、土壤退化、物种减少等。

（4）生态损失定量识别：结合实际情况和科学研究数据，将预测的影响转化为具体的生态损失量，包括生物多样性的丧失、土壤肥力下降、水源水质恶化等方面的损失。

（5）经济损失评估：将上述生态损失量化为经济指标，估算修复这些损失所需的成本以及对当地社区和国家层面产生的潜在经济损失。

7.3.2.3 制定生态补偿政策与法规

制定或修订相关法律法规，确定企业在开采过程中应履行的生态保护义务以及支付生态补偿金的标准、方式和时间安排，制定离子型稀土资源开发生态补偿政策与法规时，包括以下关键要素。

（1）立法依据与目标设定：根据国家环境保护法、矿产资源法等相关法律法规，明确生态补偿的法律依据和原则。设定清晰的政策目标，确保在资源开发过程中实现生态环境保护和经济发展的平衡。

（2）环境影响评价制度：强化和完善环境影响评价体系，要求企业在开采前进行详细的环境影响评估，并作为审批项目的重要依据，评估结果应量化环境损失，为后续生态补偿标准提供科学数据支持。

（3）监管与执行机制：建立严格的监管体系，监督企业落实生态补偿措施，对未履行责任的企业进行追责处罚。实施动态监测，定期评估矿区生态环境改善状况以及生态补偿实施效果。

（4）激励与约束并举：对采用绿色开采技术、积极进行生态保护的企业给予税收优惠、补贴等奖励政策。对环保不达标或造成严重环境破坏的企业加大惩处力度，直至吊销其采矿许可证。

（5）公众参与和社会监督：鼓励当地社区及社会公众参与到生态补偿政策的制定和执行中来，保障信息公开透明，接受社会监督。

（6）跨区域协调与合作：对于涉及跨区域生态环境问题，制定流域、山地等跨行政区域的生态补偿协议，共同维护和改善区域生态环境。

7.3.2.4 设计生态补偿方案

结合 EIA 结果，设计全面的生态补偿实施方案，内容涉及补偿范围、补偿标准、补偿期限及具体修复措施，如植被恢复、污染治理、土地复垦等。

（1）设定方案目标：设计离子型稀土资源开发生态补偿方案的目标主要是恢复和保护受损生态系统，维护生物多样性，促进稀土资源开发区域的可持续发展，改善居民生活水平，实现资源开发与环境保护的和谐共生等。

（2）明确补偿范围与对象：补偿范围主要涵盖离子型稀土资源开发活动直接影响的区域和生态系统，如直接开采区域、影响扩散区域、生态敏感区等，这些区域对维持区域生态平衡至关重要，应纳入补偿范围；补偿对象包含受损生态系统、受影响物种、受影响的社区和居民等。

（3）制定补偿方式与措施：在设计离子型稀土资源的生态补偿方式时，应充分考虑生态环境损害的具体情况、可操作性和长期效果，确保补偿措施既能有效修复受损环境，又能推动资源开发与环境保护之间的平衡，促进社会经济与自然生态系统的和谐共生。

（4）明确资金来源与管理：资金来源主要有政府拨款、企业出资、社会捐赠等；设立专门的生态补偿基金，确保资金的专款专用和有效使用，建立严格的资金监管机制，防止资金挪用和浪费。

（5）实施与监测：明确生态补偿方案的实施主体，如政府部门、企业、社区组织等；建立生态补偿效果的监测评估体系，定期对实施情况进行检查和评估。根据评估结果，及时调整和优化补偿措施。

（6）公众参与反馈：加强与当地社区、居民以及相关利益方的沟通与协作，确保他们充分参与生态补偿方案的制定和实施过程；建立公众反馈机制，及时收集和处理公众意见和建议，不断完善和优化生态补偿方案。

（7）法律责任与监管：明确生态补偿方案中各方的法律责任，确保方案的顺利实施，加大监管力度，对违反生态补偿规定的行为进行处罚和纠正。

7.3.2.5 建立生态补偿基金

设立离子型稀土资源开发生态补偿基金可以有效保障生态环境的可持续发展，确保资源开发活动与生态环境保护之间的平衡。同时，透明、公正、有效地管理和利用生态补偿基金对于保护生态环境和维护公共利益至关重要。

（1）确定基金设立目的：明确生态补偿基金的设立目的，如用于生态修复、生态保护、生态监测等方面。

（2）确定基金来源：确定生态补偿基金的资金来源，可以是资源开发企业的自愿捐赠、政府拨款、资源开发项目的生态补偿款等。

（3）制定基金管理规定：设立基金管理机构，明确基金管理的组织架构、资金使用范围、管理方式和监督机制等。

（4）确定资金使用范围：确定生态补偿基金的资金使用范围，包括但不限于生态修复项目、生态保护措施、生态监测和评估等。

（5）建立监督机制：设立监督机制，确保生态补偿基金的使用符合规定，并接受审计和监督。

（6）公众参与和透明度：促进公众对生态补偿基金的监督和参与，增强基金的透明度和公众信任度。

（7）定期评估和调整：建立定期评估机制，对生态补偿基金的使用效果进行评估，根据评估结果及时调整基金管理策略。

7.3.2.6 实施生态修复工程

生态修复是在生态学原理指导下，以生物修复为基础，结合各种物理修复、化学修复以及工程技术措施，通过优化组合，使之达到最佳效果和最低耗费的一种综合的污染环境修复方法。通过科学合理地设计和实施生态修复工程，可以有效减轻离子型稀土资源开发对生态环境造成的影响，实现资源开发与生态环境保护的协调发展，以下是设计和实施生态修复工程的一般步骤和考虑因素。

（1）生态修复需求评估：对受到离子型稀土资源开发影响的生态系统进行评估，确定生态修复的重点和需求。

（2）制订生态修复计划：根据评估结果制订具体的生态修复计划，明确修复目标、措施、方法、时间表和预算等。

（3）选择适当的修复技术：根据受影响生态系统的特点和程度，选择适合的生态修复技术，如植被恢复、土壤修复、水体净化等。

（4）实施生态修复工程：根据修复计划和技术选择，组织植被恢复、土壤修复、水体净化、生物多样性保护等生态修复工程。

（5）监测和评估：建立生态修复工程的监测体系，定期对修复效果进行评估，并根据评估结果调整和优化修复措施。

7.3.2.7 制度完善与持续改进

根据实践经验不断优化和完善生态补偿机制，引入新的科学方法和技术手段，确保生态补偿制度能够适应资源开发与环境保护之间的动态平衡需求。

（1）完善补偿标准与机制：基于资源开发的生态环境影响评估，结合受损生态系统的恢复成本，制定合理且动态的生态补偿标准，确保补偿标准能够真实反映生态环境损失，并随着资源开发规模和环境变化进行适时调整；结合政府、企业和社会的力量，形成多元化的补偿资金来源。政府可以通过财政拨款、税收优惠等方式提供支持，企业则应承担主要的补偿责任，同时鼓励社会资本参与生态修复和补偿工作。

（2）扩大补偿范围与对象：全面考虑生态系统服务价值，在补偿范围上，不仅要考虑直接的生态破坏和环境污染，还应关注生态系统服务价值的损失，确保受影响的社区和居民得到充分的补偿和支持，包括提供就业机会、改善生活条件等，以实现资源共享和利益共赢。

（3）强化监管与执法力度：建立严格的监管体系，明确各部门的职责和权限，加强对生态补偿实施情况的监督和检查。建立信息共享和联合执法机制，确保补偿措施得到有效执行；加大违法违规行为的处罚力度，对违反生态补偿规定的企业和个人进行严厉处罚，包括罚款、吊销执照等措施，形成有效的震慑作用。

（4）提升公众参与社会监督：加强宣传教育，提高公众对生态补偿制度的认识和参与度，形成全社会共同关注和支持的良好氛围；建立公开透明的信息平台，及时发布生态补偿政策、实施情况和监督结果等信息，接受社会监督和舆论监督。

（5）加强科技支撑与创新能力：推动生态修复技术创新，加大科研投入，研发和推广先进的生态修复技术和方法，提高修复效率和质量；结合离子型稀土资源开发的实际情况，探索创新的补偿模式，如绿色金融、碳汇交易等，为生态补偿提供新的资金来源和途径。

（6）定期评估与持续改进：定期对生态补偿制度的实施效果进行评估，分析存在的问题和不足，为改进提供依据；根据评估结果和实际需求，及时调整和完善生态补偿制度，确保其适应性和有效性。

参 考 文 献

[1] 习近平在江西考察并主持召开推动中部地区崛起工作座谈会时强调 [EB/OL]. https：// baijiahao. baidu. com/s? id＝1634270845967513692&wfr＝spider&for＝pc.

[2] 国家自然科学基金委员会，中国科学院. 稀土化学 [M]. 北京：科学出版社，2022.

[3] 何宏平，杨武斌. 我国稀土资源现状和评价 [J]. 大地构造与成矿学，2022（5）：829-841.

[4] 冯林永，蒋训雄，谭世春，等. 海底稀土资源分离富集新工艺研究 [J]. 有色金属（冶炼部分），2022（1）：73-78.

[5] 郭加朋. 工业维生素稀土 [M]. 济南：山东科学技术出版社，2016.

[6] U. S. GeologicalSurvey [M]. Reston：Virginia，2024.

[7] 张博，宁阳坤，曹飞，等. 世界稀土资源现状 [J]. 矿产综合利用，2022（5）：7-12.

[8] 冯雪娇，魏昌婷. 江西省稀土产业高质量发展研究 [M]. 南昌：江西科学技术出版社，2021.

[9] 袁博，王国平，李钟山，等. 我国稀土资源储备战略思考 [J]. 中国矿业，2015（1）：28-30.

[10] 白云鄂博区人民政府网. 白云鄂博——誉满全球的世界稀土之乡 [EB/OL]. http：// www. byeb. gov. cn/byjj/index. html.

[11] 吴一丁，彭子龙，赖丹，等. 稀土产业链全球格局现状、趋势预判及应对战略研究 [J]. 中国科学院院刊，2023（2）：255-264.

[12] 刘建伟. 大国战略竞争背景下美国稀土产业链的重建及其影响 [J]. 太平洋学报中国材料进展，2022（12）：53-63.

[13] 杨丹辉，张艳芳，方晓霞，等. 中国稀土产业发展与政策研究 [M]. 北京：中国社会科学出版社，2015.

[14] 徐光宪. 稀土 [M]. 北京：北京冶金工业出版社，1995.

[15] 郑国栋，王珉，陈其慎，等. 世界稀土产业格局变化与中国稀土产业面临的问题 [J]. 地球学报，2021（3）：265-272.

[16] 李勇. 我国稀土产业发展研究 [D]. 南昌：江西财经大学，2012.

[17] 易璐，郑明贵. 中国稀土产业政策演进研究（1991—2021）——基于共词和社会语义网络分析 [J]. 稀土，2022（8）：147-158.

[18] 李莉，黄文斌，王淑玲，等. 稀土资源开发对环境的影响 [J]. 矿物学报，2015（1）：306-307.

[19] 科技日报. 我国稀土采选分离技术全球领先 [EB/OL]. https：//baijiahao. baidu. com/s? id＝1635291342775300794&wfr＝spider&for＝pc.

[20] 中国日报. 开采时间缩短约70% 我国科学家发明新型稀土开采技术 [EB/OL]. https：//baijiahao. baidu. com/s? id＝1777248265042291890&wfr＝spider&for＝pc.

[21] 来爱梅，孟宪玮. 稀土资源价格走势及其影响因素研究 [J]. 价格月刊，2020（8）：24-28.

[22] 黄小卫，李红卫. 中国稀土，有色金属系列丛书 [M]. 北京：冶金工业出版社，2015.

[23] 董生智, 李卫. 稀土永磁材料的应用技术 [J]. 金属功能材料, 2018 (25): 1-7.

[24] 王春梅, 刘玉柱, 赵龙胜, 等. 我国稀土材料与绿色制备技术现状与发展趋势 [J]. 中国材料进展, 2018 (11): 841-847, 879.

[25] 吴玮, 韩建民, 方以坤. 稀土产业现状分析与发展策略研究 [J]. 粉末冶金工业, 2023 (33): 133-139.

[26] LEI S, NA W, SHUAI Z, et al. Overview on China's rare earth industry restructuring and regulation reforms [J]. Journal of Resources and Ecology, 2017, 8 (3): 213-222.

[27] MANCHERI N A. World trade in rare earths, Chinese export restrictions, and implications [J]. Resources Policy, 2015 (46): 262-271.

[28] 周代数, 李小芬, 王胜光. 国际定价权视角下的中国稀土产业发展研究 [J]. 工业技术经济, 2011 (2): 73-77.

[29] 倪平鹏, 蒙运兵, 杨斌. 我国稀土资源开采利用现状及保护性开发战略 [J]. 宏观经济研究, 2010 (10): 13-20.

[30] 程建忠, 车丽萍. 中国稀土资源开采现状及发展趋势 [J]. 稀土, 2010 (2): 65-69.

[31] 蔡晓凤, 赖丹. 基于资源禀赋差异的稀土资源税改革效应及方向研究 [J]. 有色金属科学与工程, 2019, 10 (2): 116-122.

[32] 吴志军. 我国稀土产业政策的反思与研讨 [J]. 当代财经, 2012, 33 (4): 90-100.

[33] 马乃云, 陶慧. 提升我国稀土产业出口定价权的财税政策分析 [J]. 中国软科学, 2014, 29 (12): 179-186.

[34] 于左, 易福欢. 中国稀土出口定价权缺失的形成机制分析 [J]. 财贸经济, 2013 (5): 97-104.

[35] 杜凤莲, 王媛, 鲁洋. 中国稀土出口管制政策的理论分析与现实观察 [J]. 稀土, 2014, 35 (2): 112-118.

[36] 何欢浪, 冯美珍. 我国稀土产品出口政策效果评估的实证检验 [J]. 世界经济研究, 2017 (11): 88-99, 136-137.

[37] 徐斌. 中国稀土政策的多元化选择: 反思与应对 [J]. 国际贸易, 2015, 34 (5): 40-43.

[38] RAO Z B. Consolidating policies on Chinese rare earth resources [J]. Mineral Economics, 2016 (29): 23-28.

[39] HAN A, GE J, LEI Y. An adjustment in regulation policies and its effects on market supply: Game analysis for China's rare earths [J]. Resource Policy, 2015 (46): 30-42.

[40] 祝鑫梅, 余晓, 卢宏宇. 中国标准化政策演进研究: 基于文本量化分析 [J]. 科研管理, 2019, 40 (7): 12-21.

[41] 刘亦晴, 梁雁茹. 基于 CiteSpace 软件的我国稀土出口研究进展与热点分析 [J]. 中国矿业, 2020, 29 (7): 44-51.

[42] 黄萃, 赵培强, 李江. 基于共词分析的中国科技创新政策变迁量化分析 [J]. 中国行政管理, 2015, 31 (9): 115-122.

[43] 王长松, 何雨, 杨乔. 中国文化产业政策演进研究 (2002—2016) [J]. 南京社会科学, 2018, 29 (7): 133-142.

[44] 张振华, 张国兴, 马亮, 等. 科技领域环境规制政策演进研究 [J]. 科学学研究, 2020,

38（1）：45-53.

［45］孟凡坤．我国智慧城市政策演进特征及规律研究［J］.情报杂志，2020，39（5）：104-111.

［46］宋文飞，李国平，韩先锋．稀土定价权缺失、理论机理及制度解释［J］.中国工业经济，2011（10）：46-55.

［47］周美静，黄健柏，邵留国，等．中国稀土政策演进逻辑与优化调整方向［J］.资源科学，2020，42（8）：1527-1539.

［48］马国霞，朱文泉，王笑君，等.2001—2013年我国稀土资源开发生态环境成本评估［J］.自然资源学报，2017，32（7）：1087-1099.

［49］孙清兰．高频、低频词的界分及词频估计方法［J］.情报科学，1992，13（2）：28-32.

［50］陈善敏．我国高校图书馆社会化研究热点探析——基于网络知识图谱和共词分析［J］.情报科学，2017，35（6）：171-177.

［51］储节旺，闫士涛．知识管理学科体系研究（下）——聚类分析和多维尺度分析［J］.情报理论与实践，2012，35（3）：5-9.

［52］王佑镁，叶爱敏，赖文华．MOOC何去何从：基于知识图谱的国内研究热点分析［J］.中国电化教育，201（7）：12-18.

［53］ZHAO L M, ZHANG Q P. Mapping knowledge domains of Chinese digital library research output, 1994-2010 ［J］. Scientometrics, 2011, 89（1）：51-87.

［54］BARTEKOVA E, KEMP R. National strategies for securing a stable supply of rare earths in different world regions ［J］. Resources Policy, 2016（49）：153-164.

［55］中华人民共和国国务院新闻办公室．中国的稀土状况和政策［EB/OL］.［2012-06-20］. http：//www. gov. cn/ zhengce/2012-06/20/content_ 2618561. html.

［56］邱南平，徐海申，李颖，等．中国稀土政策的变迁及对稀土产业的影响［J］.中国国土资源经济，2014（10）：41-44.

［57］何欢浪，陈琳．纵向关联市场、资源税改革和中国稀土出口——对资源从量税和从价税实施效果的评估［J］.财经研究，2017，43（7）：95-106.

［58］王玉珍．我国稀土产业政策效果实证研究［J］.宏观经济研究，2015（2）：39-49.

［59］高艺，廖秋敏．排污费改变了中国稀土出口吗？——来自微观企业的证据［J］.有色金属科学与工程，2019，10（6）：97-106.

［60］许庆庆．我国稀土产业的资源环境政策仿真：基于系统动力学的研究［D］.北京：中国地质大学，2016.

［61］国务院．国务院关于全面整顿和规范矿产资源开发秩序的通知［EB/OL］.［2005-09-23］. http：//www. gov. cn/ zwgk/2005-09/23/content_69361. htm.

［62］工信部．稀土指令性生产计划管理暂行办法［EB/OL］.［2012-06-28］. http：// www. miit. gov. cn/n1146295/n1652858/n1652930/n3757017/c3758771/content. html.

［63］张荣馨．中央政府推进义务教育财政公平的政策影响研究［J］.清华大学教育研究，2020，41（1）：44-54.

［64］陆敏，李岩岩．基于GM（1，1）模型的我国若干节能减排政策评价研究［J］.生态经济，2014，30（9）：45-49.

[65] 袁显平, 柯大钢. 事件研究方法及其在金融经济研究中的应用 [J]. 统计研究, 2006 (10): 31-35.

[66] 朱学红, 彭婷, 谌金宇. 战略性关键金属贸易网络特征及其对产业结构升级的影响 [J]. 资源科学, 2020, 42 (8): 1489-1503.

[67] GE J P, WANG X B, GUAN Q, et al. World rare earths trade network: Patterns, relations and role characteristics [J]. Resources Policy, 2016, 50: 119-130.

[68] HOU W Y, LIU H F, WANG H, et al. Structure and patterns of the in- ternational rare earths trade: A complex network analysis [J]. Resources Policy, 2018, 55: 133-142.

[69] 倪娜, 杨丽梅. 基于社会网络分析的稀土永磁贸易国际格局研究 [J]. 稀土, 2019, 40 (6): 144-154.

[70] 邵桂兰, 周乾. 中美稀土出口空间格局比较研究 [J]. 稀土, 2018, 39 (3): 149-158.

[71] WANG J L, GUO M Y, LIU M M, et al. Long-term outlook for global rare earth production [J]. Resources Policy, 2020.

[72] 董虹蔚, 孔庆峰. 不完全信息下稀土出口定价的博弈分析 [J]. 经济与管理评论, 2017, 33 (5): 127-135.

[73] 邢晟. 我国稀土国际市场定价话语权的困境与对策研究 [J]. 价格理论与实践, 2011 (11): 78-79.

[74] 袁中许. 资源异质性视角下中国稀土定价权缺失本真研究 [J]. 中国人口·资源与环境, 2019, 29 (4): 157-167.

[75] MANCHERI N A, SPRECHER B, BAILEY G, et al. Effect of Chinese policies on rare earth supply chain resilience [J]. Resources, Conservation and Recycling, 2019, 142: 101- 112.

[76] ZUO Zhili, McLellan Benjamin Craig, LI Yonglin, et al. Evolution and insights into the network and pattern of the rare earths trade from an industry chain perspective [J]. Resources Policy, 2022, 78.

[77] 汤林彬, 汪鹏, 马梓洁, 等. 稀土产业链关键产品贸易网络演变及启示 [J]. 科技导报, 2022, 40 (8): 40-49.

[78] WATTS D J, STROGATZ S H. Collective dynamics of 'small-world' networks [J]. nature, 1998, 393 (6684): 440-442.

[79] SERRANO M A, BOGUNÁ M. Topology of the world trade web [J]. Physical Review E, 2003, 68 (1): 015101.

[80] 陈银飞. 2000—2009 年世界贸易格局的社会网络分析 [J]. 国际贸易问题, 2011 (11): 31-42.

[81] PICCARDI C, TAJOLI L. Existence and significance of communities in the world trade web [J]. Physical Review e, 2012, 85 (6): 066119.

[82] 夏启繁, 杜德斌, 段德忠, 等. 中国稀土对外贸易格局演化及影响因素 [J]. 地理学报, 2022, 77 (4): 976-995.

[83] 徐水太, 马彩薇, 朱文兴. "一带一路" 稀土贸易网络结构及演化研究 [J]. 黄金科学技术, 2022, 30 (2): 196-208.

[84] 董迪, 安海忠, 郝晓晴, 等. 基于复杂网络的国际铝土矿贸易格局 [J]. 经济地理,

2016, 36（10）：93-101.

[85] 李华姣, 安海忠, 齐亚杰, 等. 基于产业链国际贸易网络的中国优势矿产资源全球贸易格局和竞争力——以钨为例 [J]. 资源科学, 2020, 42（8）：1504-1514.

[86] 徐美娟, 许礼刚, 袁梦洁. 双循环格局下中国关键有色金属资源贸易格局和竞争力分析——以钴为例 [J]. 世界地理研究, 2023, 32（6）：14-27.

[87] 苏利平, 高爽. 改革开放四十年以来稀土产业政策演进历程与启示展望 [J]. 中国矿业, 2021, 30（5）：20-26, 35.

[88] 陈玮, 汪鹏, 赵燊, 等. 稀土元素物质流分析研究进展 [J]. 科技导报, 2022, 40（8）：14-26.

[89] 边璐, 王晓贺, 张江朋, 等. 稀土产品价格决定：影响因素与预测方法综述 [J]. 稀土, 2020, 41（4）：146-158.

[90] 王路, 汪鹏, 王翘楚, 等. 稀土资源的全球分布与开发潜力评估 [J]. 科技导报, 2022, 40（8）：27-39.

[91] 李期, 郑明贵, 罗宇文. 中国稀土贸易安全研究（1992—2018）——基于复杂网络分析方法 [J]. 稀土, 2022, 43（1）：147-158.

[92] 魏龙, 潘安. 制度水平、出口潜力与稀土贸易摩擦——基于贸易引力模型的实证分析 [J]. 世界经济研究, 2014（10）：61-65, 79, 89.

[93] 李振民, 刘一力, 李平, 等. 世界稀土供应趋势分析 [J]. 稀土, 2016, 37（6）：146-154.

[94] 史超亚, 高湘昀, 孙晓奇, 等. 复杂网络视角下的国际铝土矿贸易演化特征研究 [J]. 中国矿业, 2018, 27（1）：57-62.

[95] 过孝民, 张慧勤. 公元 2000 年中国环境预测与对策研究 [M]. 北京：清华大学出版社, 1990.

[96] 王金南, 杨金田, 陆新元, 等. 市场机制下的环境经济政策体系初探 [J]. 中国环境科学, 1995（3）：183-186.

[97] 於方, 蒋洪强, 曹东. 中国绿色国民经济核算技术体系与方法概论 [J]. 环境保护, 2006（9B）：30-39.

[98] 卓桂珍. 基于 ExternE 模型的我国省级区域工业大气污染损失评估 [D]. 合肥：中国科学技术大学, 2011.

[99] 王爱云, 李以科, 李瑞萍, 等. 内蒙古白云鄂博稀土资源开发利用生态环境影响成本分析 [J]. 地球学报, 2017, 38（1）：94-100.

[100] 郭钟群, 金解放, 赵奎, 等. 离子吸附型稀土开采工艺与理论研究现状 [J]. 稀土, 2018, 39（1）：132-141.

[101] 蔡奇英, 刘以珍, 管毕财, 等. 南方离子型稀土矿的环境问题及生态重建途径 [J]. 国土与自然资源研究, 2013（5）：52-54.

[102] 邹国良, 吴一丁, 蔡嗣经. 离子型稀土矿浸取工艺对资源、环境的影响 [J]. 有色金属科学与工程, 2014, 5（2）：100-106.

[103] 罗才贵, 罗仙平, 苏佳, 等. 离子型稀土矿山环境问题及其治理方法 [J]. 金属矿山, 2014（6）：91-96.

[104] 李振民，王勇，牛京考．中国稀土资源开发的生态环境影响及维护政策 [J]．稀土，2017，38（6）：144-154.

[105] 李立清，杨林，郑明豪，等．稀土萃取分离技术及萃取剂研究进展 [J]．中国稀土学报，2022，40（6）：922-935.

[106] 李明辉．环境成本的不同概念与计量模式 [J]．当代经济管理，2005，27（5）：74-79.

[107] 梅怡，章道云，熊青．环境成本界定研究综述 [J]．财会通讯，2011（2）：61-63.

[108] 陈玥，杨艳昭，闫慧敏，等．自然资源核算进展及其对自然资源资产负债表编制的启示 [J]．资源科学，2015，37（9）1716-1724.

[109] 中共中央．中共中央全面深化改革若干重大问题的决定 [M]．北京：人民出版社，2013.

[110] 陈艳利，弓锐，赵红云．自然资源资产负债表编制：理论基础、关键概念、框架设计 [J]．会计研究，2015（9）：18-26.

[111] 李慧霞，张雪梅．基于 SEEA 框架的矿产资源资产负债表编制研究 [J]．资源与产业，2015，17（5）：60-65.

[112] 姚霖．自然资源资产负债表基本概念释义 [J]．国土资源情报，2017（2）：25-31.

[113] 胡文龙．自然资源资产负债表基本理论问题探析 [J]．中国经贸导刊．2014（10）：62-64.

[114] 陈红蕊，黄卫果．编制自然资源资产负债表的意义及探索 [J]．环境与可持续发展，2014，39（1）：46-48.

[115] 胡文龙，史丹．中国自然资源资产负债表框架体系研究——以 SEEA2012、SNA2008 和国家资产负债表为基础的一种思路 [J]．中国人口·资源与环境，2015，25（8）：1-9.

[116] 操建华，孙若梅．自然资源资产负债表的编制框架研究 [J]．生态经济，2015，31（10）：25-28.

[117] 张友棠，刘帅，卢楠．自然资源资产负债表创建研究 [J]．财会通讯，2014，（4）：6-9.

[118] 封志明，杨艳昭，李鹏．从自然资源核算到自然资源资产负债表编制 [J]．中国科学院院刊，2014，29（4）：449-455.

[119] 向书坚，郑瑞坤．自然资源资产负债表中的资产范畴问题研究 [J]．统计研究，2015，32（12）：3-11.

[120] 闫慧敏，杜文鹏，封志明，等．自然资源资产负债的界定及其核算思路 [J]．资源科学，2018，40（5）：888-898.

[121] 陈龙，叶有华，张炎炎，等．深圳市宝安区水资源资产负债表编制研究 [J]．人民长江，2018，49（16）：41-46.

[122] 耿建新，安琪，尚会君．我国森林资源资产平衡表的编制工作研究——以国际规范与实践为视角 [J]．审计与经济研究，2017，（4）：51-62.

[123] 谢晓燕，云雅楠，李燕．矿产资源资产负债表的价值量表编制研究——以内蒙古地区为例 [J]．内蒙古工业大学学报，2018，37（4）：313-320.

[124] 商思争．海洋自然资源资产负债表编制探微 [J]．财会月刊，2016，20（4）：32-37.

[125] 刘欣超，翟琇，赛希雅拉，等．草原自然资源资产负债评估方法的建立研究 [J]．生

态经济, 2014, 32 (4): 28-36.

[126] 闫慧敏, 封志明, 杨艳昭, 等. 湖州/安吉: 全国首张市/县自然资源资产负债表编制 [J]. 资源科学, 2017, 39 (9): 1634-1645.

[127] 范振林. 矿产资源核算研究 [J]. 中国矿业, 2014, 23 (8): 20-86.

[128] 季曦, 刘洋轩. 矿产资源资产负债表编制技术框架初探 [J]. 中国人口·资源与环境, 2016, 26 (3): 100-108.

[129] 季曦, 熊磊. 中国石油资源的资产负债表编制初探 [J]. 中国人口·资源与环境, 2017, 27 (6): 57-66.

[130] 盛明泉, 姚智毅. 基于政府视角的自然资源资产负债表编制探讨 [J]. 审计与经济研究, 2017 (1): 59-67.

[131] 郑明贵, 罗婷. 赣南地区离子型稀土矿山水环境成本量化研究 [J]. 稀土, 2019, 40 (5): 147-158.

[132] 罗婷, 郑明贵. 基于恢复费用法的离子型稀土矿山土壤环境成本量化研究 [J]. 稀土, 2019, 40 (6): 133-143.

[133] 李雪敏. 自然资源资产负债表编制: 评估要素、方法选择与研究展望 [J]. 内蒙古社会科学, 2022, 43 (4): 124-131.

[134] 杨世忠, 谭振华, 王世杰. 论我国自然资源资产负债核算的方法逻辑及系统框架构建 [J]. 管理世界, 2020 (11): 132-142.

[135] 王爱国, 郭胜川, 朱乐. 自然资源资产负债表编报体系: 概念界定与总体框架 [J]. 山东社会科学, 2023 (3): 86-93.

[136] 刘利. 自然资源资产负债表编制的研究进展 [J]. 统计与决策, 2022 (12): 32-36.

[137] 葛振华, 苏宇, 王楠. 矿产资源资产负债表编制的框架及技术方法探讨 [J]. 国土资源管理, 2020 (6): 51-56, 34.

[138] 范振林. 矿产资源资产负债表编制技术与框架探讨 [J]. 国土资源情报, 2017 (2): 32-38.

[139] 段宏. 矿产资源资产负债编制探讨 [J]. 财会通讯, 2018 (16): 53-56.

[140] 程广斌, 龙文. 丝绸之路经济带我国西北段城市群资源环境承载力的实证分析 [J]. 华东经济管理, 2016, 30 (9): 41-48.

[141] 杜赛花, 李镇南, 赖志杰. 广东省城市科技创新孵化能力与效率——基于改进熵值法与超效率 DEA 的分析 [J]. 科技管理研究, 2020 (11): 75-80.

[142] 蔡振饶, 李旭东, 李玉红, 等. 贵阳市经济发展与水资源环境耦合研究 [J]. 人民长江, 2018, 49 (6): 39-43.

[143] LI Y F, YI L, YAN Z, et al. Investigation of a coupling model of coordination between urbanization and the environment [J]. Journal of Environmental Management, 2012 (98): 127-133.

[144] WANG R, CHENG J H, ZHU Y L, et al. Evaluation on the coupling coordination of resources and environment carrying capacity in Chinese mining economic zones [J]. Resources Policy, 2017 (53): 20-25.

[145] 童彦, 潘玉君, 张梅芬, 等. 云南人口城市化与土地城市化耦合协调发展研究 [J].

世界地理研究, 2020, 29（1）：120-129.

[146] 焦士兴, 王安周, 张馨歆, 等. 经济新常态下河南省产业结构与水资源耦合协调发展研究 [J]. 世界地理研究, 2020, 29（2）：358-365.

[147] 张荣天, 焦华富. 泛长江三角洲地区经济发展与生态环境耦合协调关系分析 [J]. 长江流域资源与环境, 2015, 24（5）：719-727.

[148] 喻笑勇, 张利平, 陈心池, 等. 湖北省水资源与社会经济耦合协调发展分析 [J]. 长江流域资源与环境, 2018, 27（4）：809-817.

[149] 封志明, 杨艳昭, 闫慧敏, 等. 百年来的资源环境承载力研究：从理论到实践 [J]. 资源科学, 2017, 39（3）：379-395.

[150] 彭红松, 郭丽佳, 章锦河, 等. 区域经济增长与资源环境压力的关系研究进展 [J]. 资源科学, 2020, 42（4）：593-606.

[151] 卢小兰. 中国省域资源环境承载力评价及空间统计分析 [J]. 统计与决策, 2014, 39（7）：116-120.

[152] 秦成, 王红旗, 田雅楠, 等. 资源环境承载力评价指标研究 [J]. 中国人口·资源与环境, 2011, 21（12）：335-338.

[153] 蓝盛新, 李美芳, 王平, 等. 资源环境承载力研究进展与方法述评 [J]. 中南林业科技大学学报, 2022, 16（1）：21-30.

[154] 安海忠, 李华姣. 资源环境承载力研究框架体系综述 [J]. 资源与产业, 2016, 18（6）：21-26.

[155] 李华姣, 安海忠. 国内外资源环境承载力模型和评价方法综述——基于内容分析法 [J]. 中国国土资源经济, 2013（8）：65-68.

[156] 卢俊玲, 赵镇, 李洪斌, 等. 矿产资源环境承载力评价方法研究——以内蒙古锡林郭勒盟为例 [J]. 中国矿业, 2023, 32（4）：16-25.

[157] 闫树熙, 刘昆, 郭利锋. 西部资源富集地区资源环境承载力评价研究——以国家级能源化工基地榆林市为例 [J]. 中国农业资源与区划, 2020, 41（7）：57-64.

[158] 孔凡斌. 中国生态补偿机制理论、实践与政策设计 [M]. 北京：中国环境科学出版社, 2010.

[159] 国务院第一次全国污染源普查领导小组办公室. 第一次全国污染源普查工业污染源产排污系数手册 [S]. 2008, 2.

[160] 刘飞. 生态补偿法律问题研究 [M]. 长春：吉林人民出版社, 2019.

[161] 徐素波, 王耀东. 生态补偿问题国内外研究进展综述 [J]. 生态经济, 2022（2）：150-157.

[162] 丁宝根, 邹晓明. 国外矿产资源开发生态补偿实践及对中国的借鉴与启示 [J]. 老区建设, 2017, 14：27-31.

[163] 陈少强, 覃凤琴. 生态补偿财政政策：现状、问题与建议 [J]. 地方财政研究, 2023（2）：51-58.

[164] 中华人民共和国环境保护法, 中国人大网 [EB/OL]. http：//www. npc. gov. cn/zgrdw/npc/zt/qt/2014zhhbsjx/2014-04/25/content_1865490. htm.

[165] 国务院关于促进稀土行业持续健康发展的若干意见, 中华人民共和国中央人民政府网

[EB/OL]. https：//www. gov. cn/gongbao/content/2011/content_1870707. htm.

[166] 李斯佳，王金满，张兆彤. 矿产资源开发生态补偿研究进展 [J]. 生态学杂志，2019 （5）：1551-1559.

[167] 曹明德. 对建立生态补偿法律机制的再思考 [J]. 中国地质大学学报（社会科学版），2010（9）：28-35.

[168] 王丰年. 论生态补偿的原则和机制 [J]. 自然辩证法研究，2006（1）：31-36.

[169] 李连英，马智胜，朱青，等. 我国矿产资源开发生态补偿机制的基本构建 [J]. 中国水土保，2009（6）：55-57.

[170] 徐永田. 我国生态补偿模式及实践综述 [J]. 人民长江，2011（11）：68-73.

[171] 李国志. 中国自然资源生态补偿机制理论与实践 [M]. 北京：中国社会出版社，2022.

[172] 丁斐，庄贵阳，朱守先. "十四五"时期我国生态补偿机制的政策需求与发展方向 [J]. 江西社会科学，2021（41）：59-69.

[173] 中国政府网，建立市场化，多元化生态保护补偿机制行动计划 [EB/OL]. https：// www. gov. cn/xinwen/2019-01/11/5357007/files/a05f5b86d3ec4096b6877135986bc0bf. pdf.

[174] 周启星，魏树和，张倩茹. 生态修复 [M]. 北京：中国环境科学出版社，2005.